乡村振兴背景下
景观规划设计现状及应对策略研究

周 杨 著

吉林出版集团股份有限公司

图书在版编目（CIP）数据

乡村振兴背景下景观规划设计现状及应对策略研究 /
周杨著 . — 长春：吉林出版集团股份有限公司，2024.
8. — ISBN 978-7-5731-5811-6

Ⅰ . TU983

中国国家版本馆 CIP 数据核字第 2024FW3983 号

乡村振兴背景下景观规划设计现状及应对策略研究

XIANGCUN ZHENXING BEIJINGXIA JINGGUAN GUIHUA SHEJI XIANZHUANG JI
YINGDUI CELÜE YANJIU

著　　者	周 杨
责任编辑	赵利娟
封面设计	牧野春晖
开　　本	710mm×1000mm　　1/16
字　　数	196 千
印　　张	10.5
版　　次	2025 年 1 月第 1 版
印　　次	2025 年 1 月第 1 次印刷

出版发行　吉林出版集团股份有限公司

电　话　总编办：010-63109269

　　　　　　发行部：010-63109269

印　刷　三河市悦鑫印务有限公司

ISBN 978-7-5731-5811-6　　　　　　　　　　　　定价：79.00 元

　　乡村振兴战略是我国的重要发展战略，自提出以来，一直深受广大群众的关注，成为民众热议的话题，也是广大专家、学者的重点研究课题。近几年，促进乡村振兴的相关政策及措施可谓包罗万象，国家通过多措并举，已经基本实现多方面利益群体的通力合作，取得了许多显著成效。乡村振兴是一种全面的、综合性的振兴，涉及方方面面，是一项十分复杂的工程，需要进行长期的探索与实践，不断更新发展策略，探索可持续发展的道路。

　　当前，乡村振兴战略仍然是指引乡村建设的主要战略。在乡村振兴背景下，乡村景观设计也成为促进乡村发展的一项重要内容。我国农村地区受现代工业影响较少，保留了较多的自然风光，这些自然景物为乡村景观设计创造了天然的优势。景观设计可以充分挖掘乡村景观资源的经济效益，改善乡村居民的生活环境，不仅能够增强居民的生活幸福感，还能为发展旅游业创造有利条件，促进乡村经济发展。

　　基于此，作者在参阅相关文献资料的基础上，结合自身经验撰写了《乡村振兴背景下景观规划设计现状及应对策略研究》一书。本书内容主要包括六个部分。第一章主要概述乡村景观及规划的概念、乡村景观的构成和特点、乡村景观功能的动态发展和乡村景观研究的价值意义，让读者对乡村景观设计有一个基本了解。第二章研究了乡村景观设计的理论体系，主要包含乡村景观规划设计的物质要素、文化要素、乡村景观规划设计的原理、乡村景观规划设计的程序及方法等。第三章从实践角度研究乡村振兴背景下的乡村景观设计实践，内容涉及乡村聚落景观基本理论、乡村聚落景观规划设计的原则、内容与方法以及乡村振兴背景下的聚落景观规划设计的新理念等部分。第四章主要研究乡村振兴背景下农业景观规划设计与实践，并从实践出发，探讨了农田景观规划与生态设计、乡村经济作物园景观规划与设计以及庭院生态农业景观规划与设计，以期探索出一条助推乡村景观设计进一步发展的道路。第五章研究了乡村振兴背景下乡村公共空间规划，主要分析了村镇医疗空间规划、文化娱乐空间规划以及商业空间设施规划。第六章介绍了乡村振兴背景下旅游景观规划设计与应用，主要包括乡村旅游景观的基本概论、设计的内容和方法、优化对策三部分内容。

　　本书以乡村振兴战略为背景，以乡村景观设计为主题，研究乡村振兴背景下的乡村景观设计，希望能为当前乡村景观设计提供一些有价值的经验，从而推动乡村振兴进一步发展。综合来看，本书的突出特点体现在两个方面：一方面，本书重视理论与实践的结合。本书除了从理论入手研究多个分主题，还专门研究了乡村景观设计的理论体系，同时在理论的基础上进行实践研究，并研究了乡村振兴背景下的乡村景观设计实践，体现了理论与实践的充分结合。另一方面，本书内容完整，结构清晰。各部分主题鲜明，汲取了许多宝贵的经验，在此谨向这些研究者表示衷心的感谢。由于笔者水平有限，加之时间仓促，书中理论和方法难免存在不足之处，恳请广大读者多多批评指正。

周　杨

2024 年 6 月

目 录 CONTENTS

第一章　乡村景观概述

第一节　乡村景观及规划的概念

▌一、乡村景观的概念

早在农耕文明出现以后，人类社会进入原始社会时期，聚落附近出现了以生产为目的的种植场地以及房前屋后的果园和菜圃。客观来说，这就是早期的乡村景观（rural landscape）。乡村景观是在上千年的演化过程中自然形成的，由于人类的开垦、种植和聚居，最终留下了人工的印记。

虽然乡村景观伴随着农耕文明而出现，但将其作为研究对象却始于近代。最初，地理学家从研究文化景观入手，对乡村景观展开了系统研究。文化景观随着原始农业的出现而形成，人类社会农业最早发展的地区即成为文化发源地，也称为农业文化景观。后来，西欧的地理学家将乡村文化景观的研究扩展到包括文化、经济、社会、人口、自然等诸多因素在乡村中的反映。1974年，德国地理学家博尔恩在《德国乡村景观的发展》报告中阐述了乡村景观的内涵，并根据聚落形式的不同，划分出乡村景观发展的不同阶段，着重研究乡村发展与环境、人口密度与土地利用的关系。他认为，构成乡村景观的主要内容是经济结构。20世纪60年代以来，德国乡村环境发生了深刻变化，引起了农业地理学家的兴趣。1960—1971年，在奥特伦巴（E.O.Otrenba）的倡议和领导下，出版了《德国乡村景观图集》，其中土地利用图和农业结构图是其主要组成部分。索尔认为"乡村景观是指乡村范围内相互依赖的人文、社会、经济现象的地域单元"，或者是"在一个乡村地域内相互关联的社会、人文、经济现象的总体"。社会地理学家着重研究社会变化对乡村景观的影响，把乡村社会集团视为影响乡村景观变化的活动因素。

如今，对乡村景观的研究已不再局限于地理学界，而是拓展到多个学科和领域。不同的学科和领域对乡村景观有不同的内涵界定。

从地理学的角度来看，乡村景观是一种具有特定行为、形态和内涵的景观类型。它代表了从分散的农舍到能够提供生产和生活服务功能的集镇的聚落形态，是土地利用较为粗放、人口密度较低且具有明显田园特征的地区。乡村景观表现为一种格局，是不同文化时期人类对自然环境干扰的记录。它主要表现在以下几个方面：从地域范围来看，乡村景观泛指城市景观（urban landscape）以外的、具有人类聚居及其相关行为的景观空间；从景观构成上来看，乡村景观是由聚居景观、经济景观、文化景观和自然景观构成的景观环境综合体；从景观特征上来看，乡村景观是人文景观与自然景观的复合体，人类的干扰强度较低，景观的自然属性较强。在总体景观中，自然景观占主体地位，具有深远性和宽广性。乡村景观规划区的关键在于其以农业为主的生产景观、粗放的土地利用景观，以及乡村特有的田园文化和田园生活。

从景观生态学（landscape ecology）的角度来看，乡村景观是指乡村地域范围内不同土地单元镶嵌而成的复合体。它既受自然环境条件的制约，又受人类活动和管理策略的影响。其单元的大小、形状在配置上具有较大的异质性，并兼具经济、社会、生态和美学价值。景观生态学将乡村景观视为一个由村落、林草、农田、水体和畜牧业等组成的自然—经济—社会复合生态系统，认为乡村景观的主要特点之一是居民住宅和农田大小不一且混杂分布，既有居民点和商业中心，又有农田、果园和自然风光。

从环境资源学（environmental resource）的角度来看，乡村景观是一种可开发利用的综合资源，具备效用、功能、美学、娱乐和生态五种价值属性。

从乡村旅游的角度来看，乡村景观是一个完整的空间结构体系，包括乡村聚落空间、经济空间、社会空间和文化空间。这些空间既相互联系、相互渗透，又相互区别，展现出不同的旅游价值。

在阐述乡村景观概念时，常常通过与城市景观进行比较来说明。例如，乡村景观是全球范围内最早出现并分布最广泛的一种景观类型，其与城市景观的最大区别在于人工建筑物空间分布密度的减少和自然景观元素的增多。乡村景观与城市景观的不同之处在于，乡村的自然因素和人文因素与城市存在差异，因此形成的景观也不尽相同。城市通常根据不同功能进行分区，如行政区、商业区、文教区、居住区和工业区等，各区活动内容不同，建设也各有特色，形成的景观亦各异。乡村则属于半自然状态，开发强度和密度较低，拥有良好的生态循环系统，且土地多用于农业生产。从景观构成来看，城市景观中人工景观多于自然景观，而乡村景观则自然景观多于人工景观。

由此可见，不同学科和领域的研究角度不同，导致了乡村景观概念的多元化。从景观规划专业的角度看，乡村景观相对于城市景观而言，其区别在于地域划分和景观主体的不同。从城市规划专业的角度来看，乡村是相对于城市化地区（urbanization area）而言的，是指城镇（包括直辖市、建制市和建制镇）规划区以外的人类聚居地区（不包括没有人类活动或人类活动较少的荒野和无人区）。乡村景观是乡村地区人类与自然环境持续相互作用的产物，包含与之有关的生活、生产和生态三个层面，是乡村聚落景观、生产性景观和自然生态景观的综合体，并且与乡村的社会、经济、文化、习俗、精神、审美密不可分。其中，以农业为主的生产性景观是乡村景观的主体。

■ 二、乡村景观规划的概念

（一）乡村景观规划的定义

乡村景观的发展通常包括三个阶段，即原始乡村景观、传统乡村景观和现代乡村景观。从根本上讲，原始乡村和传统乡村是自给自足、自我维持的内稳态系统，人地矛盾尚不突出；乡村景观是在自然环境与人类活动的相互作用中自然形成的，还谈不上规划。目前，我国正处于由传统乡村景观向现代乡村景观转变的过程中，人地矛盾突出，需要通过合理的规划来进行有效的资源配置。

欧美一些发达国家的农业现代化水平较高，自然资源条件也相对优越，其乡村景观规划更注重生态保护和美学价值。理查德·福曼（Richard.T.T.Forman）基于生态空间理论提出了一种最佳生态土地组合的乡村景观规划模型，包括以下七种景观生态属性：大型自然植被斑块、粒度、风险扩散、基因多样性、交错带、小型自然植被斑块和廊道。其规划原则是通过集中使用土地以确保大型植被斑块的完整性，充分发挥其生态功能；引导和设计自然斑块以廊道或碎屑形式分散渗入人为活动控制的建筑地段或农耕地段；沿自然植被斑块和农田斑块的边缘，按距离建筑区的远近布设若干分散的居住处所；在大型自然植被斑块和建筑斑块之间可以增加一些农业小斑块。显然，这种规划原则的出发点是管理景观中存在的多种斑块，其中包含较大比重的自然植被斑块，通过景观空间结构的调整，使各类斑块大集中、小分散，确立景观的异质性，实现生态保护，以达到生物多样性保持和视觉多样性扩展。

这种景观模式是根据欧美乡村的实际情况，融合生态与文化背景的一种创新。然而，我国的国情不同，由于面临巨大的人口压力，长期以来人地矛盾突出，乡村景观中自然植被斑块所剩无几，乡村景观面貌相对混乱。因此，景观规划需要解决的首要问题是如何既保证人口承载力又维护生存环境，其次是如何有效利用乡村景观资源发展经济，最后是如何保护乡村景观的完整性和地方特色，营造良好的乡村人居环境。

因此，乡村景观规划应该是应用多学科的理论对乡村各种景观要素进行整体规划与设计。其目标是保护乡村景观的完整性和文化特色，营造良好的乡村人居环境，挖掘乡村景观的经济价值，保护乡村的生态环境，实现乡村生产、生活和生态三位一体的发展。这是一项促进乡村社会、经济和环境持续协调发展的综合规划。

（二）乡村景观规划的内容

根据乡村景观规划的发展目标，乡村景观规划的核心内容包括以农业为主体的生产性景观规划、以聚居环境为核心的乡村聚落景观规划和以自然生态为目标的乡村生态景观规划。由此可见，乡村景观规划的基本内容包含以下三个层面：

（1）生产层面。乡村景观规划的生产层面，即经济层面。以农业为主体的生产性景观是乡村景观规划的重要组成部分。农业景观不仅是乡村景观的核心，还成为乡村居民的主要经济来源，并且关系到国家的经济发展和社会稳定。在乡村景观规划中，一方面要合理规划生产性景观资源，保护基本农田，既满足人类生存的基本需求，又维持最基本的乡村景观；另一方面，要充分利用乡村景观资源，调整乡村产业结构，发展多种形式的乡村经济，从而有效提高乡村居民的收入。

（2）生活层面。乡村景观规划的生活层面，即社会层面。涵盖物质形态和精神文化两个方面。物质形态涉及乡村景观的视觉体验，通过乡村景观规划来完善乡村聚落的基础设施，改善整体景观风貌，保护乡村景观的完整性，提高生活环境质量，营造良好的乡村人居环境。而精神文化则涉及乡村居民的行为、活动及相关的历史文化，通过乡村景观规划丰富居民的生活，展现与其精神世界密切相关的乡土文化、风土民情、宗教信仰等。

（3）生态层面。乡村景观规划的生态层面，即环境层面。乡村景观规划在开发利用乡村景观资源的同时，必须保持乡村景观的稳定性和维持乡村生态环境的平衡，为社会创造一个可持续发展的整体乡村生态系统。乡村生态环境的保护必须结合经济开发进行，通过人类生产活动有目的地进行生态建设，如土壤培肥工程、防护林营造、产业结构调整等。

三、乡村景观的分类

（一）乡村景观分类原则

学者董新认为，乡村景观是属于不同的，程度上带有自然景观特色的人文景观（或文化景观），并以此提出了划分乡村景观类型的原则。[①]

1. 相关原则

乡村景观相关原则的外在表现是景观给人的整体感。

2. 同质原则

同一乡村景观内各地段乡村景观的组成成分应该是一致的。这种一致性并非绝对等同，而是指景观内主要组成部分的一致性，以及景观特征和景观功能的一致性。对于在景观中形成景观特征无重大影响的微量材料的不一致，并不加以排除。

3. 外观一致性原则

景观外貌是反映乡村景观特点的重要方面，是乡村景观内部特征的外在表现。

4. 共时原则

乡村景观是活动性较强的动态空间地域综合体。由于乡村景观的演化具有周期性和随机性双重特征，其历史演化极为活跃。同一乡村景观在不同时间的断面会表现出不同的景观特征，有时在极短的时间内，乡村景观可能会变得面目全非。

5. 发生、演化一致原则

发生、演化一致原则专指某类景观的内部状况。由此推论，这一原则要求异类景观的发生基础不同，演化方向各异。发生一致原则要求同类乡村景观赖

---

① 董新. 乡村景观类型划分的意义、原则及指标体系 [J]. 人文地理，1990（2）：49-52+78.

以存在的基础（包括自然环境和人文环境）具有相似的特点，而演化一致原则要求景观内部各部分具有相似的发展过程和发展演变。

（二）乡村景观的种类

1. 乡村自然景观

中国幅员辽阔，地形地貌多样，包括丘陵、山地、森林、河流、瀑布、湿地、海洋等。乡村中拥有丰富的自然风景资源，这些资源同时也是农业生产和生态旅游的宝贵财富。

乡村自然景观主要由气候、地质、地形地貌、土壤、水文和动植物等自然要素构成。气候因素对乡村景观产生了巨大的影响，在不同气候的影响下乡村景观会有显著的差异。例如，日本白川乡的合掌村在冬天雪量大，当地人就用厚厚的茅草覆盖屋顶，并将屋顶设计得非常倾斜，以便积雪滑落。远看这些屋顶就像合起的手掌。

"春雨惊春清谷天，夏满芒夏暑相连；秋处露秋寒霜降，冬雪雪冬小大寒。"几千年的农耕社会形成了独特的二十四节气文化。传统中国遵循气候、水文等自然地理环境的变化，注重风水观念，因地制宜，从而达到天人合一。自然景观中的山石洞穴、山涧、谷、丘壑是构成一个场地的基本元素。"智者乐水，仁者乐山"，人们在几千年的自然景观利用和改造过程中逐渐形成了对自然山水的崇拜。这种崇拜在中国山水画和中国古典园林中均有体现。人们通过模仿自然山水之景，用以表达自己的境界和理想。北京北海公园后山的"濠濮间"出自《世说新语·言语》："会心处，不必在远。翳然林水，便自有濠濮间想也。"园林假山模仿自然山地景观，三面土山环抱，林木茂盛。山水结构往往以水为主，以山托水，山野情趣浓郁，景色清幽深邃。

2. 农作景观

农作景观是乡村景观的重要组成部分，主要体现为乡村农业生产的景观风貌，其与当地的土地条件和经济发展水平密切相关。传统的农业生产以人工为主，辅以简单的生产工具进行小范围耕作。由于传统社会长期采用非机械化生产方式，农作景观一直呈现出精耕细作的特点，这构成了传统乡村农作景观小斑块式的特征，尤其是在南方乡村。我国地理条件的差异导致南北乡村农作景观的风貌各不相同，从北方平原的"三月轻风麦浪生，黄河岸上晚波平"到南方乡间的"稻田凫雁满晴沙，钓渚归来一径斜"，农业生产的景观成为乡土气息的直观体现。乡村工业、农业生产，农田基本建设和灌溉水利设施的使用，包括农业播种、收割、采摘、晾晒、加工制作等，都是具有时间性的生产活动。乡村的水利系统连接着乡村生产和生活，与农田共同构成了完整而真实的农耕时代乡村景观场景。随着时代的发展，机械化生产方式必将覆盖所有的生产活动，田野上将呈现工业化的生产场景。

3. 聚落景观

乡村聚落历经几百年甚至上千年的发展，形成了如今最适宜当地人生活的环境。在漫长的农耕时代，大大小小的聚落单元散布在中华大地上，乡村社会所必需的各种建筑构成了独特的人类聚落景观。形成聚落的因素有很多，主要包括自然环境、生产方式、社会文化、建筑风貌等。这些因素相互作用，形成不同的组合，决定了聚落景观的特征。不同的传统文化和生活习惯造就了各具特色的聚落形态。

欧洲一些国家由于宗教信仰的原因，乡村和城市的住宅大多围绕着教堂修建，形成聚落。教堂在精神和交通上都作为中心，是人们寄托灵魂的地方，也是视觉上的重要特征。在中国福建永定，客家人的土楼聚落形式也是一种中心布局形式。客家人为了躲避战乱，从北方迁徙到南方。由于南方土地稀缺，外来的客家人只能在山区扎根，耕种条件十分艰苦。土匪的袭扰使得客家人的聚落形成了以家族为核心、对外封闭的具有防御性的内院型聚落形式。

这类聚落形式可以追溯到原始部落时期中，个体住宅的茅草小屋围绕着大屋而建的形式，体现了原始的宗教信仰。聚落景观的重要特征是乡村聚落与自然环境的协调性。我们的先民善于处理人与自然的关系，形成和谐共生的聚落生活形态，也就是"天人合一"思想。选择安全的居住位置、充足的光线和便利的水源，利用自然的风道，寻找优良肥沃的土壤，同时为子孙预留下可发展的土地空间，这些共同构成了传统聚落景观的特征。聚落景观首先关注结构形态和历史传承的完整性，聚落往往与农田水利和自然风景密不可分。乡村地区是中国最广泛且最重要的人类聚居地，乡村景观体现出多样的景观类型。聚落入口、建筑、街巷、古树老井、交通、排水等元素共同构成了完整的乡村聚落空间。

以安徽宏村为例，整个宏村仿"牛"形布局。500多年前，一场山洪暴发，河流意外改道，宏村汪氏祖先带领村民利用地势落差，引水入村，形成了现在的水圳。宏村的水圳九曲十弯，穿堂过屋，流经各家各户，经过月沼，最后注入南湖。汪氏祖先立下规矩：每天早上8点之前，"牛肠"里的水为饮用水；

过了 8 点之后，村民才能在这里洗漱。宏村水圳是人类巧妙利用自然资源的智慧结晶，构成了宏村独特的乡村景观风貌。

由于一些历史原因，我国目前保存下来的乡村聚落较少。在城镇化高速发展的今天，大量乡村聚落被城市化，一些村落仅零星地保留了一些传统单体建筑，整体布局被破坏，已经不具备聚落的特征。

北方的靠崖窑洞、地坑院、独立窑洞，以及中国西南少数民族依山而建的干栏式建筑，都是由自然环境决定的建筑形式，形成了独特的聚落风貌。自然环境影响着聚落的风貌。北方人口稀少，土地资源丰富，由于天气寒冷，需要更多的日照，其庭院设计常常尽可能多地保证阳光直射入屋，以获得更多的热量。南方土地资源有限、人口众多、气候炎热，聚落房屋密集，巷道狭窄。为了防止阳光直射，住宅庭院往往设计成小而高的空间样式。华南理工大学汤国华教授在《岭南湿热气候与传统建筑》一书中指出，在岭南湿热地区，乡村形成的聚落内，巷道—天井—住宅形成热压"微气候"，局部的热压风、水陆风、街巷风和传统建筑的敞厅都是人们抵御潮湿、炎热天气的方法。聚落功能随着时间的推移而不断调整改变，以适应乡村的生活。过去，我国北方的巷子宽，所以在运输时多用驴、骡，重物放在其左右；南方由于巷子狭窄，多用人挑，重物在前后。除居住类的聚落以外，还有商业街市型聚落。古时交通多依赖于水路交通，还有一些满足转运需要的驿道，人力运输的交通沿线、定期举行集市的地区往往形成了繁华的聚落，如中国历史上出现的茶马古道，包括陕甘茶马古道、陕康藏茶马古道（蹚古道）、滇藏茶马古道，在路上就形成了许多乡村聚落。军事类型的聚落形式如浙江的永昌堡、贵州的屯堡等，是戍边将士解甲归田形成的聚落。河北蔚县至少有 300 多座大小不一的军事类型的聚落。当前，乡村城市化和农业工业化是乡村聚落快速消失的根本原因，如不加以保护，我们将会永久失去这些珍贵的文化遗产。

4. 传统地域文化景观

传统文化涵盖民风民俗，集中反映在乡村人民的生活风貌之中，是乡村景观中不可忽视的重要元素。乡村地域的传统文化是文明演化而汇集成的一种反映民族特质和风貌的文化，是各民族历史上各种思想文化、观念形态的总体表征。越是偏僻的地方，受到的外来干扰越少，地域特色越鲜明。广西南丹县的白裤瑶是瑶族的一个分支，人口有 4 万多人，被称为"人类文明的活化石"。

白裤瑶妇女夏天的服饰，上衣由一前一后两块布组成，里面不穿内衣，被很多人称为"两片瑶"。这样的传统一直保留到现在。然而，随着时代的发展，白裤瑶人逐渐放弃这些传统，尤其是年轻一代。当他们走出村落来到城市时，对于自己的文化产生了迷惑。文化应该如何发展，这是一个非常值得思考的问题。

乡村景观通过具体的视觉形象展现地域文化景观。例如，乡村的戏台除了在节庆时提供娱乐功能之外，还承载了商业功能，更重要的是，戏台还是文化教化的空间，那些脍炙人口的剧目是乡村人的精神财富。乡村的水井不仅用于满足人们的日常生活用水需求，还成为乡村生活新闻的发布场所，人们在此交流，分享对各种问题的看法和见解，这里仿佛是一个道德法庭，社会事务在此地被提前判决。乡村的古树也是重要的文化元素，通常位于村口或村内开阔的公共空间，树荫下是乡村社会生活中重要的交流场所。同时，这里也是一个窗口，成为乡村与外界的连接地。

第二节 乡村景观的构成与特点

一、乡村景观的基本结构

从形态构成的角度来看，结构是形态在一定条件下的表现形式。形态构成包含点、线、面三个基本要素。乡村景观结构是乡村景观形态在特定条件下的表现形式。福曼和戈登（Godron）认为，景观结构是由景观组成单元的类型、多样性及其空间关系构成的。他们在观察和比较各种不同景观的基础上，指出组成景观的结构单元包括斑块（patch）、廊道（corridor）和基质（matrix）。因此，可以说基于景观生态学的景观结构将景观单元与设计学的形态构成要素有机地结合在一起。

（一）点——斑块

斑块泛指与周围环境在外貌或性质上不同，并具有一定内部均质性的空间单元。需要强调的是，这种所谓的内部均质性是相对于其周围环境而言的。斑块可以是植物群落、湖泊、草原、农田或居民区等。因此，不同类型斑块的大小、形状、边界及内部均质程度都会表现出显著的差异。

1．斑块类型

根据不同的起源和成因，福曼和戈登将常见的景观斑块类型分为以下四种：一是残留斑块（remnant patch），由于受到大面积干扰（如森林或草原大火、大范围的森林砍伐、农业活动和城市化等）而在局部范围内幸存的自然或半自然生态系统或其片段。二是干扰斑块（disturbance patch），由局部性干扰（如树木死亡、小范围火灾等）造成的小面积斑块，与残留斑块在外部形式上似乎有一种反向对应关系。三是环境资源斑块（environmental resource patch），是由于环境资源条件（土壤类型、水分、养分以及与地形有关的各种因素）在空间分布上的不均匀而造成的斑块。四是人为引入斑块（introduced patch），是由于人们有意或无意地将动植物引入某些地区而形成的局部性生态系统（如农田、种植园、人工林、乡村聚落等）。

2．斑块大小

斑块的大小对物种的数量和类型有显著的影响。一般来说，小斑块有利于物种的初始增长，而大斑块的物种增长虽然较慢，但更为持久，并且能够维持更多的物种生存。因此，斑块的大小与物种多样性密切相关。当然，影响斑块物种多样性的另一个主要因素是人类活动干扰的历史和现状。通常，受到较大人类活动干扰的斑块，其物种数量往往比受到较小干扰的斑块要少。

3．斑块形状

一个能满足多种生态功能需求的斑块，其理想形状应该包含一个较大的核心区以及一些具有导流作用并能与外界相互作用的边缘触须和触角。圆形斑块可以最大限度地减少边缘区域的面积，同时最大限度地增加核心区的面积比例，从而尽可能减少外界干扰，有利于内部物种的生存，但不利于与外界交流。

（二）线——廊道

廊道是指景观中与相邻两侧环境不同的线性或带状结构，道路、河流、农田间的防风林带、输电线路等是其常见的形式。

1．廊道类型

根据不同的标准，廊道类型可以有多种划分方法：按照廊道的形成原因，可划分为人工廊道（如道路、灌溉沟渠等）和自然廊道（如河流、树篱等）；按照廊道的功能划分，可分为河流廊道、物流廊道（如道路、铁路）、输水廊道（如沟渠）和能流廊道（如输电线路）等；按照廊道的形态划分，可分为直线性廊道（如网格状分布的道路）和树枝状廊道（如具有多级支流的流域系统）；按照廊道的宽度划分，可分为线状廊道和带状廊道。

目前，关于廊道的研究主要集中在形态划分上，如线状廊道和带状廊道。线状廊道和带状廊道在生态学上的主要差异完全是由宽度引起的，从而导致功能的不同。线状廊道宽度较窄，其主要特征是边缘物种（edge species）在廊道内占据绝对优势。线状廊道包括七种类型：道路（包括道路边缘）、铁路、堤坝、沟渠、输电线、草本或灌木丛带、树篱。而带状廊道则具有一定的宽度，其宽度能够形成一个内部环境，出现丰富的内部物种，物种多样性显著增强，并且每个侧面都存在边缘效应。这类廊道的例子包括具有一定宽度的林带、输电线路和高速公路等。

2．廊道结构

廊道结构分为独立廊道结构和网络廊道结构。独立廊道结构指的是在景观中单独出现，不与其他廊道相接触的廊道；网络廊道结构则分为直线型和树枝型两种，这两种类型的成因和功能有很大的差别。廊道的重要结构特征包括宽度、组成内容、内部环境、形状、连续性及其与周围斑块或基质的相互关系。

3．廊道功能

廊道的主要功能包括四种：一是生境功能，如河口生态系统和植被条带。二是传输通道功能，如植物传播体、动物及其他物质通过植被或河流廊道在景观中移动。三是过滤和阻隔作用，如道路、防风林带及其他植被廊道对能量、物质和生物（个体）流在穿越时的阻截作用。四是作为能量、物质和生物的源（source）或汇（sink），如农田中的森林廊道，一方面具有较高的生物量和若干野生动植物种群，可以作为景观中其他组分的源；另一方面也可阻截和吸收周围农田流失的养分与其他物质，从而起到汇的作用。

（三）面——基质

基质（matrix），也称为景观背景、模地或本底，是指在景观中分布范围最广、连接度最高，并在景观功能上起着主导作用的背景结构单元。基质在很大程度上决定着景观的性质，对景观的动态起着主导作用。常见的基质包括森林基质、草原基质、农田基质和城市用地基质等。

1．判断基质的标准

判断基质有三个标准：一是相对面积（relative area）。如果景观中的某一元素所占的面积明显大于其他元素，就可以推断这种元素为基质。一般来说，基质的面积超过其他类型景观元素面积总和，即某种景观元素覆盖了景观 50% 以上的面积，就可以认为是基质。但如果各景观元素的覆盖面积都低于 50%，则需要根据基质的其他特性来判断。因此，相对面积不是辨认基质的唯一标准，基质的空间分布状况也是重要特性。二是连通性。有时，尽管某一景观元素占有的面积达不到上述标准，但它构成了单一的连续地域，形成的网络包围了其他的景观元素，也可能成为基质。这一特性即为数学上的连通性原理。也就是说，如果一个空间没有被与周边相接的边界切断，它就是完全连通的。因此，当一种景观元素完全连通并包围其他景观元素时，可以认为该景观元素是基质。基质的连通程度高于其他任何景观元素。当第一条标准无法判断时，可以根据连通程度的高低进行判断。三是动态控制。当前两个标准都无法判定时，则以哪种景观元素对景观的动态发展起主导控制作用作为判断基质的标准。

2. 基质的结构特征

基质的结构特征表现在三个方面：孔隙率（porosity）、边界形状（boundary shape）和网络（networks）。孔隙率是指单位基质面积中斑块的数目，表示景观斑块的密度，与斑块的大小无关。大多数情况下，景观元素之间的边界不是平滑的，而是弯曲的、相互渗透的，因此边界形状对基质和斑块之间的相互关系非常重要。一般来说，具有凹面边界的景观元素更具有动态控制能力。具备最小周长与面积比的形状不利于能量与物质的交换；相反，周长与面积比大的形状有利于与周围环境进行大量的能量与物质交换。廊道相互连通形成网络，包围着斑块的网络可被视为基质。当孔隙率高时，网络基质即为廊道网络，如道路、沟渠、树篱等都可以形成网络，其中，树篱（包括人工林带）最具代表性。被网络所包围的景观元素的特征，如大小、形状、物种丰度等，对网络产生了重要影响。网眼的大小是网络的重要特征，其大小的变化也反映了社会、经济、生态因素的变化。人类干扰和自然条件的影响是形成网络结构特征的两个主要因素。

二、乡村景观的构成及其特点

与城市景观相比，自然、朴素是乡村景观的典型特征。乡村景观展现出了稳定、独特和丰富多样的特点。城市景观的基本立足点在于满足人们的现实生活需求和精神审美要求，并与该城市的地理位置和经济发展特征密不可分。城市景观体现了物质生活和精神内涵，展现了人类的智慧。然而，在许多情况下，人们依然怀念自然的舒适和轻松，感叹城市生活带来的压力。由于城市的人工化程度高，人们常常感到压抑和窒息，因此更加向往乡村生活。

国外研究学者认为，乡村聚落的保护是建设可持续乡村生活以及推动整个地区自然和传统文化复兴的关键。同时，他们提出了乡村聚落保护的四个方面：历史风貌和传统民俗艺术生活的恢复；当地居民价值观念的保护；建筑环境的自然化；保持村庄自身的结构与特点。本书将乡村景观的构成定义为主要包括聚落与建筑、乡村传统文化遗产、自然田园风光三个方面的内容。

（一）聚落与建筑

聚落的英文为"settlement"，是指人类在特定生产力条件下，为了定居而形成的相对集中并具有一定规模的住宅建筑及其空间环境。聚落包括城市和乡村两种基本形态。乡村民居建筑是乡村聚落的核心内容，从广义上看，还包括相关的生活和生产辅助设施，如谷仓、饲养棚圈、宗族祠堂等。

复兴人文因素和建筑环境是实现乡村可持续发展的重点，其中乡村聚落保护尤为重要。在聚落保护中，整个村落的个性、结构及建筑风貌是关键所在。乡村聚落具有典型的乡土特征，如西南少数民族的村寨、江南水乡的徽派建筑群、西北地区的窑洞建筑等。中国传统村落在空间布局与自然环境上遵循"天人合一"的理念，祖先们通过日积月累的经验，构建了一整套乡村建设的知识体系，这一体系至今仍对现代人的生活具有指导意义。

例如，应充分注意环境的整体性。《黄帝宅经》主张"以形势为身体，以泉水为血脉，以土地为皮肉，以草木为毛发，以舍屋为衣服，以门户为冠带"。中国的纬度和季风气候决定了住宅坐北朝南，我国的大多数住宅朝向正南或者南偏东15°～30°。背后有山，可以抵挡冬季北来的寒风；面朝流水，能够接纳夏日南来的凉风，并获得良好的日照。聚落常依山傍水，利于交通出行、生活用水和生产灌溉；农田在住宅前，以确保农业生产的安全；缓坡阶地可以避免洪涝灾害；周围植被葱郁，不仅能涵养水源，保持水土，还能调节小气候。此外，水质差的河边不适宜居住，聚落所在地的水流速度不应过快。

乡村聚落区别于城市聚落的主要特征之一就是建筑材料的选用。我国南北的乡土建筑多以砖木结构为主，在历史的发展中逐渐形成了不同的建筑风格，例如，福建夯土建造的土楼围屋、厦门的红砖古厝、广州沙湾古镇利用生蚝壳建造的住宅、徽派民居、西南少数民族的干栏式木楼，以及山西和陕西的靠崖式窑洞等。

乡土建筑的主要材料是生土、木材、竹子和稻草等。特别是生土建筑，早在 5 000 年前的仰韶文化时期就已出现。目前在一些山村仍能见到夯土建筑。这类建筑利用田里的土夯筑而成，生土经过简单加工后作为建筑的主要材料，建筑拆除后又可回填入田地里，材料得以循环利用。这种生态建筑冬暖夏凉、建造方便、抗震性好，经济实用。然而，随着时代的发展，传统的生土建筑逐渐被视为落后的象征，居民纷纷改用砖和混凝土等现代建筑材料。

混凝土等材料的建筑在乡村中大量出现，废弃后的材料回收比较困难，造成了环境污染。而奥地利建筑师马丁·洛奇（Martin Rauch）改良了泥土混合物的成分，利用冲压技术，探索出更多的模板。最经典的是他为自己建造的房子——House Rauch。他通过研究，不断对泥土进行压制，形成如同独石般的整体结构。在整体布局上，建筑与山地浑然一体，和谐自然。在夯土墙面上间隔使用条砖来提高夯土墙体的强度，同时形成挡雨条，减弱雨水的冲刷速度和力度。在室内，尤其是在厨房内使用玻璃，以阻挡油污。

汶川地震后，建筑师刘家琨将灾区倒塌的建筑混凝土材料回收作为骨料，掺入切断的秸秆作为纤维，加入水泥等材料，制作成环保材料——再生砖。这种材料无须烧制，制作快捷、便宜、环保，是一种很好的尝试。

（二）乡村传统文化遗产

"百里不同俗，千里不同风。"中国地域辽阔，不同地区和民族有着各自的风俗文化。即使是同一民族，由于地域的差异，也会表现出风俗的不同。这些差异使乡村文化呈现出丰富多样的面貌。在农耕时代，乡村在很长一段时间内都是文化的主体，与城市文化共同构成社会文明的一部分。文化风俗是维系乡村社会结构的重要纽带，是乡土生活的精神寄托。传统的乡村文化包括乡村地方艺术、日常习俗、民俗生活以及当地或民族的价值观等。乡村传统文化景观的具体表现形式包括祠堂、集市、戏台、手工艺和特色农业技艺等。

当前的乡村建设无论在内涵还是形式上都更加丰富和多元化，文化的传承与文脉的延续是乡村景观设计的核心，其最终目标是保护当地的传统文化，营造一种舒适、慢节奏的宜居环境。日本古川町的濑户川地区为保护和展示当地传统的木匠文化和技艺，专门修建了一座木匠文化馆，使当地的木工产业得以复兴。许多手艺人回到家乡创业，从而保护并传承了家乡的特色文化。

乡村文化遗产是传统文化的重要组成部分。根据联合国教科文组织 2003 年 10 月通过的《保护非物质文化遗产公约》中的定义，非物质文化遗产指的是来自某一文化社区的全部创作。这些创作以传统为根据，由某一群体或个体所表达，并被认为是符合社区期望的，作为其文化和社会特性的表达形式。其准则和价值通过模仿或其他方式口头相传，包括各种类型的民族传统和民间知识、各种语言、口头文学、风俗习惯、民族民间的音乐、舞蹈、礼仪、手工艺、传统医学、建筑技术以及其他艺术形式。国务院公布第一批国家级非物质文化遗产名录时，将非物质文化遗产分为十类：民间文学、传统音乐、传统舞蹈、传统戏剧、曲艺、传统体育、杂技与游艺、传统美术、传统技艺、传统医药。中华民族悠久的历史和灿烂的文明为我们留下了极其丰富的文化遗产，如陕西凤翔泥塑、芜湖铁画等民间工艺品，侗族大歌、凤阳花鼓、嘉善田歌、昆曲等民间音乐，天津杨柳青的年画、中国木活字印刷术、黎族传统纺染织绣技艺、梅花篆字等民间美术。正如费孝通所提出的"各美其美，美人之美，美美与共，天下大同"[①]，乡村景观设计师应力求呈现出差异化的乡村文化，体现出地方文化特色。

乡村传统文化遗产是在中国古代社会形成和发展起来的文化形态，具有流动性。在当前的乡村景观建设中，应古为今用，取其精华，以发展的眼光保护和传承传统文化。乡村振兴离不开文化的引领。在新的环境下，对文化要自主选择，而不是一味地复古或全盘西化。传统文化中丰厚的文化遗产是推动乡村发展的强大动力，文化认同是乡民凝聚力和创造力的根本。

（三）自然田园风光

乡村广阔田野上斑斓的色彩、美丽的农田、起伏的山岗、蜿蜒的溪流、葱郁的林木和隐约显现的村落，呈现出一片优美的田园风光。长期生活在大城市的人们特别向往乡村的田园生活。乡村的自然田园风光是乡村景观中重要的组成部分，其符合海德格尔所定义的人类理想生存方式——"诗意地栖居"的要求。人们通过乡土生态环境和田园野趣，回归精神上的幸福感。乡村景观中的植物是非常重要的元素，与环境有着密不可分的关系。植物的根能涵养水分、保持水土、稳定坡体。目前，乡村中的植物品种单一，大多随意生长。在营造

---

① 1990 年，费孝通先生在东亚社会研究研讨会上作完"人的研究在中国"发言后写下的 16 个字，以作纪念。

景观时，可以增加植物品种，以起到点缀的作用。整齐划一的植物能增加景观的统一感，形成震撼的视觉效果。设计时，应因地制宜，培育整合具有地方特色的乡村自然景观，如江西婺源的油菜花田、浙江八都岕的十里古银杏长廊、广西桂林的乌柏滩等。此外，乡村的夜景景观也是非常重要的自然风光。乡村空气纯净，适宜观赏星辰美景。

第三节　乡村景观功能的动态发展性

何为景观功能，目前尚无统一的说法。福曼和戈登在《景观生态学》一书中提出："一个景观是一架热力学机器"，它接收太阳能，然后在景观中积聚一定的生物量。当人们从自然景观中获取少量生物产品时，自然景观系统则保持平衡状态或以自然速率恢复自然平衡；如果收获量超过景观积聚的生物量，则会对自然景观产生干扰，进而破坏景观的生产功能。因此，必须增加对景观的投入（包括能量和物质的投入）。很明显，他们将景观的生产力视为景观功能之一。

乡村景观规划必须体现出乡村景观资源在提供农产品的第一性生产、保护与维持生态环境平衡，以及作为重要旅游观光资源这三个层次的功能。传统乡村景观仅仅体现了第一层次的功能，而现代乡村景观的发展除了立足于第一层次的功能，越来越强调后两个层次的功能，如图 1-1 所示。

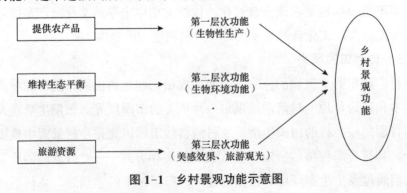

图 1-1　乡村景观功能示意图

■ 一、乡村景观的生产功能

乡村景观的生产功能主要指其物质生产能力。不同的乡村景观，其物质生产能力表现形式各异，但共同特征是为生物生存提供最基本的物质保障。乡村景观的生产功能主要包括乡村自然景观的生产功能和乡村农业景观的生产功能两个方面。

（一）乡村自然景观的生产功能

自然景观的生产功能体现在自然植被的净第一性生产力（Net Primary Productivity，简称NPP）指绿色植物在单位时间和单位面积内能够累积的有机物质总量。它是由光合作用产生的有机物质总量减去植物自身呼吸消耗后的剩余部分，包括植物的枝、叶、根等的生产量以及植物枯落部分的数量。

计算植物净第一性生产力有多个模型，其中较为适用的是由叶菲莫娃（Efimova）和坎内尔（Cannel）等人开发的模型。该模型利用世界各地大量的生物量数据和相应的气候要素进行相关分析，并根据太阳净辐射和辐射干燥度来计算植物净第一性生产力的，这就是 Chikugo 模型：

$$\text{NPP}=0.29\exp\left(-0.216\times\text{RDI}^2\right)\times R_n \tag{1-1}$$

式中：　RDI——辐射干燥度；

R_n——为陆地表面所获得的净辐射量 [4186.8J/（cm^2·年）]。

RDI 按下式计算：

$$\text{RDI}=\frac{R_n}{Lr} \tag{1-2}$$

其中，L——为蒸发

r——为年降水量。

该模型是一种经验公式，它基于土壤水分供应充足、植物生长茂盛的条件下的蒸散量，来计算最大植物初级生产力。

（二）乡村农业景观的生产功能

1. 正向物质生产

农业景观是乡村景观的重要组成部分。农业景观的形成标志着人类改变自然景观并管理景观发展的一个重要阶段，具有自然景观与人为建筑景观的双重特征。一方面，它保留了自然景观的要素，如林带、草地和河流；另一方面，人工建筑以斑块状分布其中。更重要的是，人类通过改造自然植物，培育了许多新品种，使其成为可利用的农作物，大大提高了土地的生产能力，满足了人类日益增长的需求。因此，乡村农业景观的重要生产功能主要体现在农用土地的产出上。

农业景观的生产功能可以用其生产潜力来表征。假设作物品种和田间管理处于最佳状态，并且不考虑自然灾害等因素的影响，由光、热、水、肥四个因素决定的作物产量的理论值形成相应的农业景观生产潜力，即光合潜力、光温潜力、气候潜力和土地潜力。

2. 负向物质生产

人们为了提高土地的产量，改变了传统的耕作模式，大力发展集约化经营。以化肥和农药的大量投入为特征的现代化集约经营，不仅导致土地退化，还对周围环境造成了严重污染。

农药污染：全世界已有超过 1 500 种农药，其中农业上经常使用的有 250 种，包括约 100 种杀虫剂、50 种除草剂和 50 种杀菌剂。喷洒的农药微粒悬浮在空中，只有极少量能作用于害虫，25% ～ 50% 会降落在防治作物的区域，残留在水和土壤中，导致空气、水和土壤污染。农药通过污染环境，进而对水生生物、鸟类和人体健康产生极大的危害。例如，农药会使鸟类的蛋壳变薄，降低鸟类的繁殖率和成活率。

化肥污染：农田中播撒的化肥，只有一部分被植物吸收利用。目前，我国化肥的利用率约为 30%，其余部分挥发进入大气中或随着水流进入土壤和水体。长期使用化肥会导致土壤酸化、结构被破坏、土地板结和微生物区系退化，进而影响农产品的质量。大量化肥进入水体后，氮氧化物含量增加，导致河流、湖泊和海洋的富营养化，从而引起大量水生生物死亡。

农业废弃物污染：农业废弃物包括农田和果园收获后剩余的秸秆、残株、果壳；饲养场、畜牧场排放的废物及农产品加工厂残留的废弃物等。如果大量的废弃物处理不当，会对水体造成严重的污染，并可能传播疾病。

■ 二、乡村景观的生态功能

乡村景观的生态功能主要体现在维持乡村生态环境的平衡和保持乡村景观的稳定性，具体表现为乡村景观与各种"流"的相互作用。当水、风、土壤、冰川、火及人工形成的能流、物流穿越景观时，景观具有传输和阻碍两种功能。景观内的廊道、屏障和网络与流的传输关系密切。

（一）景观与能流、物流

生物、火、水、气体和土壤在景观中移动形成流，这些流可以在景观中积聚、扩散和通过，不同的流动方式对景观产生不同的影响。植物的定植可以增加景观的郁闭度，提高其生产力。而大型哺乳动物群在景观中活动可能造成巨大的破坏，会践踏土地、破坏植被，改变原有的生态系统。风能吹倒树木，形成风倒木；洪水和泥石流可以瞬间改变整个景观格局。

能流和物流既可以破坏景观，也可以塑造景观，增加其功能和稳定性。值得注意的是，现代社会中由人类活动产生的能流和物流对景观的影响日益增大，对社会发展起到巨大的推动作用，同时也带来一些负面效应。例如，固体废弃物如果得不到妥善处理，将会污染环境，对乡村居民的生活造成危害。

（二）景观阻力

能流或物流经过景观时受到景观结构特征的影响，流速会发生变化，这种影响统称为景观阻力。风经过景观时遇到防护林，其流向与速度都会发生变化。景观阻力来源于界面通过频率、界面的不连续性、景观要素的适宜性及各景观要素的长度。例如，当河水通过渠道流经景观时，如果设计不当，渠道的方向与地形等高线的梯度方向不一致，就会产生阻力。

生物物种对景观的利用是相互竞争的物种对景观空间的控制与覆盖过程，这种控制与覆盖必须通过克服景观阻力来实现。景观阻力的度量实际上是距离概念的变形或延伸。这些阻力量度可以通过潜在表面（Potential Surface）或趋势表面（Trend Surface）形象地表达出来。景观阻力面反映了物种在空间中的运动趋势。俞孔坚根据地理信息系统中常用的费用距离（Cost-Distance）等，建立了最小累积阻力（Minimum Cumulative Resistence，MCR）模型来表征阻力面。该模型考虑了三个方面的因素：源、距离和景观基面特性。公式如下：

$$MCR = f_{\min} \sum_{i=1}^{m} \sum_{j=1}^{n} \left(D_{ij} R_i \right) \qquad (1-3)$$

式中：j——未知函数，反映空间任何一点的最小阻力与其到所有源的距离和景观基面的正相关关系；

D_{ij}——物种从源 j 到空间某一点所穿越的某景观基面 i 的空间距离；

R_i——景观对某物种运动的阻力。

f 通常是未知的，但 D_{ij} 和 R_i 的累积值可以被认为是物种从源到空间某一点，取某一路径相对易达性的衡量指标。

其中，从所有源到该点阻力的最大值被用来衡量该点的易达性。因此，阻力面反映物种运动的潜力和趋势。

三、乡村景观的美学功能

乡村景观的美学功能主要包括乡村自然景观的美学功能和乡村文化景观的美学功能两个方面。由于工业化和城市化的快速发展，世界上越来越多的人生活在与自然相对隔离的城市中，生活空间狭窄、生活节奏紧张、环境污染严重、生态环境急剧恶化。这促使人们渴望走出城市，到环境优美的大自然中寻找自我、陶冶情操，从而带来了乡村生态旅游热潮的空前高涨。

（一）乡村自然景观的美学功能

自然景观是地球表面经过千百万年演化形成的，具有美学价值的景观实体。自然景观在结构性最强、最有序的同时，与周围环境相比，具有"最大的差异性"和"最大的不规则性"，因此最能吸引人，唤起人们对奇异的追求心理；在结构特征或概率组合的测度上具有某种"极端值"或"奇异点"，使其在各种表现中总能展现出临界特征；在几何空间的描述上，总能表现出"非均衡"性，而在维系生命系统方面，表现出最为狭窄、最为严格的条件组合。例如，长白山，作为一个有价值的景观，具备上述所有特征。长白山白云峰海拔 2 691 米，是东北地区的第一高峰，"奇异点"明显。这里分布着火山锥、倾斜的熔岩高原和熔岩台地，与周围环境存在巨大的"差异性"。从底部到顶部的垂直温差约有 10℃，形成了五种不同的植被带。长白山共有 2 277 种植物，1 225 种野生动物。各种生物的组合在维系生命系统方面，表现出最为狭窄、最为严格的条件组合。这些特征吸引了大量国内外游客前来欣赏这壮丽的景观。

任何一种自然景观都具有美学的潜在功能。只要与人们的感知"相谐"或者与人们的文化需求"相融"，其美学功能就能充分地表现出来。这要求我们客观地分析这种景观的特性，并加以适当的改造，开发其旅游价值，以满足人们回归大自然的需求。

（二）乡村文化景观的美学价值

1. 提供历史见证，是研究历史的良好教材

受人类影响的文化景观通常具有特定的物种、格局和过程的组合特征，如高破碎化程度、更为均匀、存在更多的直线性结构等。这种景观相当脆弱，极易受到破坏，必须在人工管理下才能得以维持。同时，它必然保留了某个历史时期人类活动的遗址，作为社会精神文化系统的信息源，人类可以从中获取各

种信息，再通过智力加工形成丰富的社会精神文化。

2．提升乡村景观作为旅游资源的价值

乡村文化景观作为旅游资源，其价值远高于单纯的乡村自然景观。事实上，我国许多重要景观都是文化景观，很少是单一的自然景观，如泰山、黄山、峨眉山等。这些景观吸引大量游客的重要原因之一是当地保留了大量历史遗迹。文化景观的历史越悠久，通常其旅游价值越高。

3．丰富世界景观的多样性

物质世界的景观是丰富多彩的，文化景观的出现为自然界增添了新的景观类型，丰富了景观的多样性，拓展了人类的美学视野。这一点在我国的园林艺术景观中表现得尤为突出。我国的园林艺术景观以其建筑的别致精巧、景色的独特淡雅以及氛围的朦胧而著称，对我国景观建筑的美学思想产生了重大影响。

第四节 乡村景观研究的价值意义

■ 一、契合当代人性化的要求

著名建筑与人类学研究专家、美国威斯康星大学密尔沃基建筑与城市规划学院的阿摩斯·拉普卜特（Amos Rapoport）教授的研究表明，设计者的方案预期效果与用户实际使用效果之间存在很大的差异。许多设计的目的往往被用户忽略或未被察觉，甚至遭到用户的排斥和拒绝。其原因在于设计者没有深入了解用户的需求，一些设计者高高在上，听不进用户的意见，站在强势城市文化的角度盲目自信，并且藐视乡土文化，导致大量乡村景观设计作品被村民排斥。他的观点准确地揭示了人类需求的重要性。研究乡村景观的过程是与当地居民进行情感和文化交流的过程。对于景观设计师来说，了解乡土文化、体验乡村生活是非常重要的。设计者能够从中发现景观设计中的缺陷和不足，从几千年的乡村地域文化中继承和发扬乡村智慧，更加关注和思考人的需求和体验，设计出适合时代精神、具有持久生命力的乡村景观。乡村景观设计只有站得高、看得远、做得细，立足于改善现实，体现当代追求，打造丰富多样的生活空间，充分根据人的体验与感受进行景观设计，才能营造出宜人的空间体验。

■ 二、立足乡村生态环境保护

国内的景观生态学研究始于 20 世纪 80 年代。生态学认为，景观是由不同生态系统组成的镶嵌体，其中各个生态系统被称为景观的基本单元。根据在景观中的地位和形状，这些基本单元可分为三种类型：板块、廊道和基质。乡村景观的多样性是其重要特征，景观设计的目的是解决人与土地的和谐问题，这对于保护乡村的生态环境和维护生产安全至关重要。当前，由于产业转移的需要，大量的有污染的工厂被转移到农村，并利用农村闲置的土地和廉价劳动力。一些落后的乡村为了尽快致富，忽视了环境保护，这给农业生产安全带来了极大的隐患，直接威胁到人们的生存安全。

中国传统的"天人合一"思想将环境视为一个生机勃勃的生命有机体，把岩石比作骨骼，土壤比作皮肤，植物比作毛发，河流比作血脉，强调人类与自然和谐共处。工业革命之后，西方世界逐渐认识到破坏环境带来的影响，纷纷出台政策法规来规范乡村建设，保护生态环境。美国在房屋建设审批时，要求充分利用表层土壤，建设完成后将表层土还原到其他建设区域，以避免浪费。英国政府对农民保护生态环境的经营活动给予补贴，每年每公顷土地可以获得 30 英镑的奖励，不使用化肥和不喷洒农药的土地经营者将获得 60 英镑的奖励。根据英国环境、食品和农村事务部的规定，无论是从事粗放型畜牧养殖的农场主，还是进行集约型耕作的粮农，都可以与政府部门签订协议。一旦加入协议，他们有义务在其农田边缘种植灌木篱墙作为分界，并保护自家土地周围未开发地块中的野生植物自由生长，为鸟类和哺乳动物等提供栖息地。乡村生态环境保护是未来乡村发展的趋势，同时也将为乡村发展带来更多机会，并为城市提供更多安全的产品。

■ 三、以差异化设计突出地域特征

城乡之间的景观存在许多方面的差异，不同地域的乡村景观同样各具特色。独特的自然风光、清新的空气和聚落特色都是吸引城市游客的重要因素。然而，随着全球化和城镇化进程的推进，乡村居民对城市生活的盲目崇拜导致城乡差别不断缩小。事实上，现代化与传统并不是非此即彼的关系。浙江的乌镇历史悠久，是江南六大古镇之一，至今保存有 20 多万平方米的明清建筑，具有典型的小桥流水人家的江南特色，代表着中国几千年的传统文化景观。2014 年 11 月，首届世界互联网大会选择在乌镇举办，这一事件是现代与传统的完美结合，独特地展现了江南的地域特色，并体现出乌镇在处理现代与传统方面的成功经验。

云南省剑川县的沙溪镇曾属于贫困乡镇。从 2012 年开始，瑞士联邦理工学院与剑川县人民政府展开合作，实施"沙溪复兴工程"，并派驻建筑师与当地政府联合成立复兴项目组。瑞士联邦理工学院还与云南省城乡规划设计研究院合作编制了《沙溪历史文化名镇保护与发展规划》，试图营造一个涵盖文化、经济、社会和生态的可持续发展乡村，确立了一种兼顾历史与发展的古镇复兴模式。由此可见，地域特色和乡村发展以差异化为原则，在提升生活质量的前提下，营造出具有特色的乡村风貌和人文环境，才能带来乡村景观的发展与提升。

■ 四、作为城市景观设计的参考

乡村景观虽然不同于城市园林，但它在长期发展中沉淀出的乡村景观艺术形式可以为城市景观设计提供参考。例如，图案符号、建筑纹饰和砌筑方式等都可以成为城市景观设计中的重要表现形式。乡村景观的空间体验更加优秀，是凝聚亲和力的景观形式。自然且富有肌理质感的设计材料，是现代城市景观良好的借鉴对象。比如，美的总部的大楼景观设计通过现代景观语言表现出独具珠江三角洲农业特色的桑基鱼塘肌理，唤起人们对乡村历史的记忆。本地材料与植物是表达地域文化的最佳设计语言。土人设计为浙江省金华市浦江县的母亲河浦阳江设计的生态廊道，最大限度地保留了这些乡土植被，植被群落严格选用当地的乡土品种，地被主要选择生命力旺盛并有加固河堤效果的草本植被，以及价格低廉、易维护的野花组合。在现代城市景观设计中，就地取材，运用乡土材料，往往可以体现出时间感和地域特色，让城市的人们感受到乡村的气息，缓解城市现代材料带来的紧迫感，同时也使不同地区的景观更具个性，凸显地域特色。

■ 五、营造生产与生活一体化的乡村景观

当下，传统村落的衰落与消亡在很大程度上受到全球化进程的影响。随着科学技术的不断创新，社会结构和生产方式都发生了翻天覆地的变化，不可避

免地出现传统乡村衰亡的情况，传统生活生产方式所产生的惯性在逐渐变小。吴良镛院士认为："聚落中已经形成的有价值的东西作为下一层的力起着延缓聚落衰亡的作用。"①北京大学建筑与景观设计学院院长俞孔坚教授在其《生存的艺术：定位当代景观设计学》一书中提到："景观设计学不是园林艺术的产物和延续，景观设计学是我们的祖先在谋生过程中积累下来的抵御各种敌人侵扰的过程，来自土地丈量、造田、种植、灌溉、储蓄水源和其他资源而获得可持续的生存和生活的实践。"②乡村景观正是基于和谐的农业生产生活系统，利用地域自然资源形成的景观形式，应科学合理地利用，以建设乡村景观的新风貌，促进农业经济发展，同时推动乡村旅游业发展，从而繁荣乡村经济。

中国现代农业由于土地性质不同于西方国家，国家制度也与西方国家有区别，因此既不可能单纯地走美国式的商业化农业发展道路，也难以模仿以欧洲和日本为代表的补贴式农业发展模式。"三农"问题（农业、农村、农民）一直备受国家和政府关注。胡必亮在《解决"三农"问题路在何方》一文中提出了中国农业双轨发展的理念，即在借鉴美国和欧洲、日本的发展模式的基础上进行制度创新，创造出新的发展模式——小农家庭农业与国有、集体农场相互并行发展。国家也正在积极推进土地制度的改革，未来的乡村景观将有别于几千年来的传统乡村景观，这也为乡村景观设计者带来了巨大的挑战——从传统中来，到生活中去，找到适合的设计方向。

---

① 吴良镛. 人居环境科学导论 [M]. 北京：中国建筑工业出版社，2001.

② 俞孔坚. 生存的艺术：定位当代景观设计学 [M]. 中国建筑工业出版社出版，2006.

第二章　乡村景观规划设计概述

第一节　乡村景观规划设计的物质要素

从地理学的视角来看，乡村景观是由区域土地上的空间和物体构成的综合体，是一种"地域资源综合体"，具有景观性和地域性双重属性。由此可见，乡村景观规划必然涉及丰富的物质信息数据，如土壤、河流水系、植被、地形地貌、气象、景观风貌等，同时也包含社会经济、人口、建筑、社区、区位交通、历史文化、风俗习惯、地域特色资源等人文社会信息数据。因此，乡村景观规划不仅涵盖区域内的物质自然资源数据，还包括人文资源数据和资源管理数据等场地属性数据。下面我们来分析一下物质信息数据方面的要素。

物质要素主要由地形地貌、气候、土壤、水文、动植物、建筑、公共设施等组成，它们共同构成了不同乡村地域的景观基础。各要素不仅是乡村景观的有机组成部分，而且在景观构成中发挥着不同的作用。虽然某些自然要素能够形成一个地域的宏观景观特征，如地形地貌，但整体景观特征仍然是各个自然要素共同作用的结果。

■ 一、地形地貌

地形地貌是乡村景观的基本构成要素之一，它们形成了乡村地域景观的宏观面貌。根据地形地貌的自然形态，可以分为山地、高原、丘陵、平原和盆地五大类型。在中国，山地约占陆地面积的 33%，高原约占 26%，丘陵约占 10%，平原约占 12%，盆地约占 19%。通常所说的山区包括山地、丘陵和起伏不平的高原，约占陆地面积的 2/3。不同的地形地貌反映了其下垫物质和土壤的差异，以及由此造成的植被差异，因此是进行景观分析和景观类型划分的重要依据。

地形地貌影响乡村景观的空间特征，不同的海拔高度对自然景观、农业景观和村镇聚落景观都产生了显著影响。

海拔高度打破了自然景观的地带性规律，形成了山地垂直地带，气候、植被、土壤都会随着海拔的变化而改变。此外，山地的坡度和坡向还具有重要的生态意义。坡度影响地表水的分配和径流形成，进而影响土壤侵蚀的可能性和强度，可以说坡度决定了土地利用的类型和方式。坡向影响着局部小气候的差异，不同的坡向会导致光、热、水的分布差异，直接决定了植被类型及其生长状况。

山区用地紧张，可耕地面积少，农业生产通常结合地形地貌进行。人们依据等高线修建梯田，从而形成了与平原地区完全不同的农业生产景观，例如梯田景观。

地形地貌对村镇聚落景观的影响十分明显，尤其是在山区。中国传统村落的选址和民居建设与自然的地形地貌有机地融合在一起，相互衬托，创造出地理特征突出、景观风貌多样的自然村镇景观。即使一个地区的单体建筑形式大同小异，一旦与特定的地形地貌结合，便形成千姿百态的建筑群，从而极大地丰富了村镇聚落整体的景观风貌。

二、气候

气候是导致不同地域乡村景观差异的重要因素。各种植被的水平地带性和垂直地带性，以及土壤的形成，主要取决于气候。气候是一种长期的大气状态，其形成受太阳辐射、大气环流和下垫面三个要素的影响。气候因素包括太阳辐射、温度、降水、风等。温度和降水不仅是气候的主要表现形式，也是重要的气候地理差异因素。

中国地域辽阔，横跨热带、亚热带、暖温带、中温带、寒温带和高原气候区，拥有多种多样的气候类型以及对农业生产有利的气候资源。在不同的气候条件下，形成了明显不同的乡村区域景观类型，主要表现在建筑形式和农作物的分布上。

（一）气候对建筑布局和形式的影响

中国从南到北纬度差异显著，从严寒的东北、西北到酷热的华南，从东南沿海到青藏高原，气候条件差异极为悬殊。建筑对日照、通风、采光、防潮、避寒、御寒的要求各不相同，从而形成了丰富多彩的建筑布局和形式，如北方的四合院、安徽和浙西地区的徽派建筑群、云贵的干栏式建筑、黄土高原的窑洞等。

（二）气候对农作物分布的影响

由于气候类型的多样性，中国的植物资源极其丰富，中草药和珍贵药材的种类繁多。在农业生产方面，应根据不同的自然条件，因地制宜地选择不同的粮食作物和经济作物。根据南北气候的差异，全国划分为五个耕作区：一年一熟区、两年三熟区、一年两熟区、双季稻区和一年三熟区。

三、土壤

土壤是乡村景观的重要组成部分。任何形式的景观变化都或多或少地反映在土壤的形成过程及其性质上。可以说，什么样的气候和植被条件就会形成什么样的土壤。因此，对于自然景观和农业景观而言，土壤是决定乡村景观异质性的一个重要因素。

中国地域辽阔，气候、岩石、地形、植被条件复杂，加上农业开发历史悠久，因此土壤类型多样。从东南到西北分布着森林土壤（如红壤、棕壤等）、森林草原土壤（如黑土、褐土等）、草原土壤（如黑钙土、栗钙土等）、荒漠土壤、半荒漠土壤等。不同类型的土壤适合不同植被的生长，因此乡村的农业生产景观是由土地的适宜所决定的。

四、水文

水资源是人类赖以生存和发展的必需条件，而农业是目前世界上用水量最大的部门，一般占总用水量的 50% 以上。在中国，农业用水量则占总用水量的 85%。

水资源不仅是农业经济的命脉，也是乡村景观中最为生动和富有活力的要素之一。这不仅因为水是自然景观中生物的生命源泉，还因为它能够使景观更加生动和丰富。不同的水体具有各自的水文条件和特征，这些条件和特征决定了它们各自的生态特性。湖泊、河流、沼泽、冰川等对乡村景观格局的形成具有重要作用。

（一）湖泊

湖泊是较为封闭的天然水域景观，按水质可分为淡水湖、咸水湖和盐湖。淡水湖是一个巨大水系的重要组成部分，具有防洪调蓄，发展农业、渔业等重要作用。按分布地带可分为高原湖泊和平原湖泊。

（二）河流

河流是带状水域景观，从水文方面可分为常年性河流与季节性河流。前者多在湿润区，而后者多在干旱、半干旱地区。河流的补给来源可分为雨水补给和地下水补给，其中雨水是河流最普遍的补给水源。

（三）沼泽

沼泽地是一种典型的湿地景观，是生物多样性和物种资源集中繁衍的场所，具有巨大的环境功能和效益。

（四）冰川

冰川广泛分布于中国西南、西北的高山地区。冰川水是中国西北内陆干旱区河流的主要水源，如塔里木河、叶尔羌河等，也是绿洲农业景观的主要水源。

五、动植物

（一）植被

植被是所有植物的总称。中国已知的高等植物有 3.7 万余种，在中国几乎可以看到北半球各种类型的植被，其中农田植被占全国总面积的 11%。植被与气候、地形和土壤相互作用，一方面，有什么样的气候、地形和土壤条件，就会有相应的植被；另一方面，植被也会对气候、土壤甚至地形产生影响。它们共同形成了不同的植物景观特征。

根据植物群落的性质和结构，植被可以划分为森林、草原、荒漠和冻原等基本类型。它们各自具有独特的结构特征和生态环境。根据植被类型的区域特征，中国的植被可以分为八个区域，分别是寒温带针叶林区域、温带针阔叶混交林区域、暖温带落叶阔叶林区域、亚热带常绿阔叶林区域、热带季雨林和雨林区域、温带草原区域、温带荒漠区域及青藏高原高寒植被区域。这些区域各自有其景观特征和分布范围，具体情况见表 2-1。

表 2-1　中国植被区域划分和地带性土壤分布规律一览表

植被区域	地带性植被类型	主要植物区系成分	基本地貌特征	地带性土类
寒温带针叶林区域	寒温性针叶林	温带亚洲成分和北极高山成分	大兴安岭是南北走向的低矮平缓的低山，海拔在 1 100～1 400 米之间，最山峰 2 034 米，谷地开阔	灰化针叶林土

植被区域	地带性植被类型	主要植物区系成分	基本地貌特征	地带性土类
温带针阔叶混交林区域	温性针阔叶混交林	温带亚洲成分。包括东亚（地区的中国和日本）成分	北部是丘陵状的小兴安岭，海拔500～1 400米；南部是较高的长白山地，一般海拔在1 500米以上；东部河网密布，有沼泽化的三江平原	暗棕色和棕色森林土
暖温带落叶阔叶林区域	落叶阔叶林	温带亚洲成分与东亚（中国—日本）成分	北部和西部为海拔1 500米以上的燕山、太行山和黄土高原，中部为辽阔的华北平原和辽河冲积平原（海拔50米以下），东部沿海为海拔100～500米的丘陵	褐色森林土与棕色森林土
亚热带常绿阔叶林区域	常绿阔叶林、常绿落叶阔叶混交林、季风常绿阔叶林	中国—喜马拉雅成分，东亚（中国—日本）成分	东部为秦岭与南岭之间的丘陵、山地，海拔一般1 000米左右，中间有四川盆地和长江中下游平原；西部为云贵高原，海拔1 000～2 000米，西缘横断山脉海拔在3 000米以上，为高山峡谷地貌	黄棕壤、红壤与砖红壤性红壤
热带季雨林和雨林区域	季雨林（季节性雨林）	热带东南亚成分	东部为海拔500米以下的低山丘陵，间有冲积平原；中部多石灰岩峰与山地；西部为500～1 000米的间山盆地与高1 500～2 500米的山地，南海诸岛多为珊瑚礁岛	砖红壤性土
温带草原区域	温带草原	亚洲中部成分、干旱亚洲成分和旧大陆温带成分	东部是松辽平原（海波50～200米），北部为内蒙古高原（海拔1 000～1 500米），西北为黄土高原（海拔1 500～2 000米），其间有大兴安岭—阴山与燕山—吕梁山，两列山脉分隔，西部有阿尔泰山	黑钙土、栗钙土、棕钙土与黑垆土
温带荒漠区域	温性荒漠	亚洲中部成分、中亚成分、干旱亚洲成分	有阿拉善、准噶尔、塔里木等内陆盆地（海拔500～1 500米）与柴达木盆地（海拔2 600～3 200米）之间，隔着天山、祁连山、昆仑山等高逾5 000米的巨大山系，以及一些较为低矮的山地	灰棕漠土与棕漠土

植被区域	地带性植被类型	主要植物区系成分	基本地貌特征	地带性土类
青藏高原高寒植被区域	寒温针叶林、高寒灌丛与草甸、高寒高原、高寒荒漠	亚洲中部成分、青藏高原和东亚（中国—喜马拉雅）成分	为海拔 4 500 米以上的整体山原，边缘与内部有 6 000～7 000 米以下的高山山系，东南部为横断山系与三江峡谷，切割剧烈	山地灰棕森林土、高原草甸土、高寒草原土和高寒荒漠土

（二）动物

野生动物是自然生态系统的重要组成部分，在维持生态平衡和环境保护等方面具有重要的意义。中国的自然条件优越，为野生动物的繁衍生息提供了良好的环境。野生动物与乡村生态环境有着密切的关系。例如，朱鹮是世界上濒危的鸟类之一。历史上，不仅中国东部和北部的广大地区有朱鹮，而且在俄罗斯的远东地区、朝鲜和日本等国家也有一定数量的朱鹮。然而，到 20 世纪中期，只有中国还有朱鹮幸存。20 世纪 50 年代以后，中国乡村的生态环境发生了显著变化。朱鹮用于筑巢的大树被大量砍伐，觅食的水域被农药污染，耕作制度的改变使冬水田变成了冬干田，加上人口激增造成的生存压力及过度猎捕，迫使它们无法在丘陵、低山的水田、河滩、沼泽和山溪等适宜的地方生活，而逐步迁徙到海拔较高的地带，导致数量急剧减少，分布区也越来越小。60 年代以后，朱鹮的踪迹已难以见到。1981 年，人们在海拔 1 356 米的陕西省洋县姚家沟，发现了消失 17 年之久的野生朱鹮，并建立了朱鹮保护站。当地的老百姓和朱鹮建立了深厚的感情，朱鹮成为当地村民家中的特殊"贵客"，村民们亲切地称它们为"吉祥之鸟"。为了让这个新成员平静安全地生活，村民们宁愿田里庄稼减产，也不在朱鹮的生活区域内使用任何农药，以保证朱鹮的食物不受污染，逐渐形成了人与鸟和谐共处的局面。朱鹮也成为当地的一大景观。

六、建筑

按照使用功能，乡村地区的建筑物可以分为民用建筑、工业建筑、农业建筑和宗教建筑四大类。

（一）民用建筑

民用建筑包括居住建筑和公共建筑两类。住宅、宿舍和招待所等用于居住的房屋称为居住建筑；行政办公楼、学校、图书馆、影剧院、体育馆、商店、邮局及车站等用于公共活动的房屋称为公共建筑。

（二）工业建筑

工业建筑包括各类用于生产的厂房，如冶金工业、化学工业、机械制造工业和轻工业等，以及用于生产动力的发电站和用于储存生产原材料和成品的仓库等。

（三）农业建筑

农业建筑是指用于农业生产的建筑物，包括禽舍、猪圈、牛棚等畜牧建筑；塑料大棚、玻璃温室等温室建筑；粮食和种子仓库、蔬菜水果仓库、农机具库、危险品库等农业仓库；农畜副产品加工厂等建筑；农机修理站等农机具维修建筑；农村能源建筑；水产品养殖建筑；蘑菇房、香菇房等副业建筑；农业实验建筑；乡镇企业建筑等。

（四）宗教建筑

宗教建筑是指与宗教活动相关的建筑物，如佛教的寺庙、伊斯兰教的清真寺、基督教的教堂等。

■ 七、道路

乡村道路构成了乡村景观的骨架，是乡村廊道的常见形式之一。根据国家对道路使用性质的规定，道路分为国家公路（国道）、省级公路（省道）、县级公路（县道）、乡村道路及专用公路五个等级。乡村道路是指主要为乡（镇）村经济、文化、行政服务的公路，以及不属于县道以上公路的乡与乡之间及乡与外部联络的公路。这种规定仅涉及了乡村道路的一部分，实际上在乡村地域范围内的高等级公路对乡村环境和景观格局也产生较大的影响。因此，乡村道路应包括乡村地域范围内的高速公路、国道、省道、乡间道路、村间道路及田埂等不同等级的道路，它们承担着各不相同的角色。

■ 八、农业

中国是一个农业大国，农业文明在中国文明史中占据着重要的位置，农业理论和实践在中国的发展中占有重要地位。

早在公元 1 世纪，中国史学家班固（32—92）所撰写的《汉书·食货志》中就有"辟土殖谷曰农"之说。这反映了古代黄河流域的汉族人民以种植业为主的朴素农业概念，即当今所称的狭义农业。其实，原始农业是从采集和狩猎野生动物的活动中孕育而生的。后来，种植业和畜牧业也相继发展，种植业及以其为基础的饲养业至今仍是农业的主体。天然森林的采伐和野生植物的采集、天然水产品的捕捞和野生动物的狩猎，主要是利用自然界原有的生物资源。但由于这些活动后来仍长期伴随种植业和饲养业而存在，并不断地转化为人工的种植（如造林）和饲养（如水产养殖），因此也被许多国家列入农业的范围。至于农业劳动者附带从事的农产品加工等活动，历来被当作副业。这样就形成了由种植业（有时称农业）、畜牧业、林业、渔业和副业组成的广义农业概念。乡村景观所涉及的也是广义农业的概念，它们构成了乡村景观的主体。

■ 九、水利设施

水利是农业的命脉，对中国农业文明至关重要。早在周代就设有管理水利的"司空"一职，这表明当时人们已对水利十分重视。从古至今，无论朝代如何变更，水利事业始终受到各代的关注。各种类型的水利设施在防洪、发电和农业灌溉等方面发挥了巨大作用，同时也成为乡村景观的重要组成部分。例如，被列为世界文化遗产、具有 2275 年历史的古代水利工程——都江堰，至今仍在发挥着重要作用。它是中国古代闻名中外的伟大水利工程，是目前世界上年代最久、唯一留存且以无坝引水为特征的宏大工程。都江堰科学地解决了江水自动分流、自动排沙、控制进水流量等问题，化害为利，造福农桑，使川西平原"水旱从人，不知饥馑，沃野千里，世号陆海，谓之天府也"。都江堰水利工程以独特的水利建筑艺术创造了与自然和谐共存的水利形式，成为中国著名的历史文化景观。

第二节　乡村景观规划设计的文化要素

除物质要素外，文化资源在乡村景观的构成中也占有重要地位。在某种程度上，乡村景观的文化资源主要体现在精神文化生活的层面。乡村景观的文化要素指的是乡村居民的生活行为和活动，以及与之相关的历史文化，表现为与他们的精神世界密切相关的民俗、宗教、语言等。这些因素是乡村景观的无形之气，其作用不容忽视。对这些因素进行研究，可以透过景观的物质形态，深入到景观的内部，使乡村景观研究深入到深层机制中。

一、乡土文化

乡土文化是指起源于农业文明社会，并在一定地域范围内衍生和发展的文化形态。在传统的农业社会中，乡土文化由乡村社会环境下的群体历经世代传承，形成了一个系统、多样且内容丰富的文化脉络。它凝聚了个体和集体共同努力的成果，是一种具有强烈地方特色的文化积淀，也反映了在特定环境条件下人与自然、人与人相互依存的生存哲学。

乡土文化包括地方的地域特色、历史遗迹、建筑形式、空间形态等内容，大体上可以从三个相互关联的层面来理解：一是自然环境层面。自然环境是人类生存的物质基础，也是乡土文化的物质载体。在乡村景观中，自然环境包括气候、地形、地貌、植被等要素。这些物质要素为乡土文化景观的创造提供了丰富的设计灵感和元素。二是人文景观层面。人文景观是人类社会的各种文化现象与成就，是与人类社会活动有关的景观构成。具体体现为聚落空间形态、建筑形式、民间艺术、语言文化等，这些因素对人们观念的形成和对场所的认同产生重要的影响。三是社会形态层面。在乡村环境中，社会形态是乡村经济、物质环境、观念形态和社会活动的总构成。乡村社会形态在一定程度上影响乡村景观规划的建设和乡土文化的保护与发展。

乡土文化是中国传统文化的重要组成部分，是一个民族区别于其他民族的重要特征。由于现代社会经济的快速发展，我们在生活中更多地追求物质文明建设，同时也更容易忽略传统文化的重要内容，这最终导致我们的城市建设常常带有"西方化"的色彩。中国古典园林之所以能够在世界园林发展史上具有重要的地位和影响，正是因为其中独具特色的传统文化内容。因此，保护和发展乡土文化景观也是避免在城市化过程中乡村景观建设单一化和趋同化的重要途径。

（一）乡土文化的地域差异性

我国地域辽阔，山川秀丽，地形地貌复杂多样，民族众多，从南到北跨越数个不同的气候带。广阔的中国大地上，乡村的数量就达上百万个。地理环境的不同导致了各地在建筑文化、语言文化、饮食文化、服饰文化等方面的差异。

从中国的地域范围来看，南方和北方的地域文化差异是我国文化中最显著的差异之一。例如，在交通运输方式上，中国古代有"南船北马"一说，意思是南方人善于驾船，而北方人善于骑马。这主要是因为南方雨水充沛，湖泊密布，水网纵横交错。以"江南水乡"著称的周庄、西塘、乌镇等小镇，溪流和河流穿梭其中，建筑沿溪、河而建，设有小码头，两岸以桥相连，形成了具有地方特色的水街，而乌篷船成为当地主要的交通工具，犹如"东方威尼斯"。而在我国北方，多为干旱和半干旱地区，地势多为平坦的高原或平原，畜牧业较为发达，因此马匹被驯化用作交通工具，以进行地区间的商贸往来和沟通。我国南北方在语言文化方面也有明显的差异。在语言上，南方表现出地方方言多而杂的特点，而北方语言则相对统一。这主要是由于地理环境的不同，北方大部分地区多为平原，山区环境较少，交通联系较南方更加便利，有利于区域间的交流，因此语言差异性较小；南方由于丘陵山地多，地形复杂，尤其在过去的乡村地区，交通联系受到很大的阻碍，乡村间的交往甚少，因此长期以来就形成了各种各样的地方"土话"。仅以福建地区的方言为例，就有福州话、客家话、闽南话等多种方言，彼此差别极大。地域间自然环境因素的不同还导致南北方在饮食习惯、人的性格和体质、经济发展等方面的区别。

南北文化的差异在我国南方与北方的园林景观风格和形式上也有所体现。我国南北方的园林景观环境和建筑深受不同自然环境和社会环境的影响，带有明显的地方特征。著名园林艺术家陈从周先生曾在《园林分南北，景物各千秋》一文中对南北园林的差异进行了分析和比较，主要分为五个方面：南巢北穴，缘由不同，意指南北方建筑起源历史的不同；南敞北实，形式不同，指南北方建筑形式的差异；南水北石，要素不同，指南北方园林造景要素的不同；南花北柏，植被不同，指南北方植物景观特色的不同；南私北皇，社会背景不同，指南北方园林风格和形式的差异。前四个方面主要分析了由于南北方自然环境因素的影响而造成的差异，最后一个方面则主要从南北方社会因素的不同来分析南北方园林景观的差异。因此，地理环境在空间上的差异也是我国形成具有不同地域特色园林文化的重要原因。

（二）乡土文化历史的延续性

乡土文化的发展是一个延续和继承的过程。今天，我们之所以能够在许多乡村地区观看民俗庆典、感受地方礼节、品尝特色美食等，正是因为一代又一代人不断地传承。

在传统乡村社会中，以农业生产为基础的自然经济是乡土文化得以延续和传承的重要因素。一方面，当地人生活所依赖的农田、果园、茶园、牧场等促使乡村形成了极具乡土特色的农业景观。另一方面，这些经济模式使传统的劳作方式和生活习惯得以保留和发展至今。同时，乡村的社会环境也是乡土文化延续的重要因素。费孝通曾在《乡土中国》中描述，乡土社会在其地方性的限制下形成了一个"熟悉"的社会，一个没有陌生人的社会。在同一个乡村环境里生活的大多数人有共同的宗教信仰和文化意识，以家族和血缘为纽带，形成了一个团结的群体。因此，这种社会结构保证了乡土文化的统一性，并不断地随着时间向前推进。

乡土文化的延续性使我国传统的园林文化得以不断发展至今。中国人传统的自然观和处世观仍然深刻地影响着当代园林景观的发展。毫无疑问，在漫长的历史进程中，乡土文化为中国园林文化的发展提供了重要的基础和源泉。乡村地区的农业景观、自然风貌、民风习俗等为中国古代园林艺术的创作提供了丰富的素材和灵感，造就了许多中国传统园林的优秀典范，这是不可否认的。而中国传统皇家园林和私家园林中对自然的模仿、对自然山水意境的追求，以及造园的选址、建筑的布局等，在今天的景观设计作品中仍然有所体现。随着社会的进步和发展，人们对传统文化的内容有了新的理解和表达形式。

（三）乡土文化与外来文化的融合

在经济快速发展、信息技术发达的时代，我们的乡土文化不可避免地要面对其他地区和国家文化的冲击。但这并不是说我们要始终坚守过去的、本土的东西，不求变化。这样的态度过于保守，会对文化的进步和发展带来不利影响。任何文明想要发展都不可能故步自封，中国文化在历史发展过程中也常常受到其他文化的影响。因此，在面对外来文化冲击时，我们应取其精华，去其糟粕，用他人的长处弥补自身的缺陷与不足。只有这样，才能让我们的传统文化保持顽强的生命力。城市化不断向前发展，虽然有其不利的一面，但对乡土文化的发展也具有一定的推动作用。在景观设计中，我们既要避免城市化带来的"模式化"，又要汲取城市化中的新艺术和新技术，将其运用到乡村景观环境设计中去，以创造新的乡土景观。

二、民俗

民俗是人们在一定的社会形态中，根据自身的生活内容与方式，结合当地的自然条件，自然而然地创造并世代相传形成的一种对人们的心理、语言和行为具有持久、稳定约束力的规范体系。相沿成风，相习成俗，风俗是中国传统文化的重要组成部分。风俗具有教化、约束、维系、调节等功能，这些功能对乡村景观的形成和发展具有巨大影响。

中国是一个多民族国家，在漫长的历史发展进程中，形成了独特的生活方式和风俗习惯。中国乡村民俗景观的一个显著特点就是与农业文明紧密相连。例如，岁时节庆与农业文明息息相关。此外，还有许多其他反映农业文明特点的节日，如汉族和白族的立春（打春牛）、哈尼族的栽秧号、苗族的吃新节，以及杭嘉湖地区的望蚕讯等，这些节日无一不是农业文明的产物。中国的农业文明与人口繁衍密切相关，与人类繁衍相关的婚丧嫁娶习俗构成了中国民俗中最具特色的景观之一。祭祀信仰也反映了农业文明的特征。例如，景颇族在刀耕火种时有祭风神的习俗，傣族、哈尼族、布朗族等在秋收季节有祭谷神的习俗，以祈求来年丰收。

这些民俗只是乡村文化的一种表象，而其深层内涵则是这些风俗习惯所蕴含的民族心理、性格、思维方式和价值观念。

▌三、宗教

在中国文化景观的形成过程中，宗教力量发挥了特殊的作用。从先秦以前的原始宗教图腾景观，到先秦两汉时期的谶纬、方术、卜筮、占星术、五帝太一崇拜，以及多种鬼神崇拜的准宗教景观，再到东汉以来的系统宗教景观，构成了中国宗教景观的三个逐步演进阶段。时至今日，原始宗教的形式在民间或边远少数民族地区仍然存在，如云南少数民族至今仍保留丰富的原始信仰、原始宗教和图腾文化。在系统化宗教阶段，儒教、道教、佛教、伊斯兰教、基督教先后在中国产生或传入、发展并变化。儒教的文庙、孔庙，道教的名山、宫观，佛教的名山、寺庙、佛塔、石窟，伊斯兰教的清真寺，基督教的教堂都成为中国特有的宗教景观。

宗教对乡村聚落景观产生了一定的影响，特别是在某些地区对聚落结构以及一些宗教聚落的形成和发展等方面。例如，云南傣族的居民普遍信奉小乘佛教，群众性的布施活动极为频繁，每逢斋戒时期都要举行盛大的赕佛活动。由于佛教与村民的关系密切，佛寺遍及各个村寨。这些佛寺作为构成傣族村寨的要素之一，往往位于村寨中较高的坡地或村寨的主要入口处，有的甚至成为主要道路的背景。此外，按照当地习俗，佛寺的对面和两侧均不能建房，村中住宅的楼面高度不得超过佛像基座的高度。由于佛寺的体量非常高大，因此在一片低矮的竹楼民居中，佛寺建筑的形象格外突出。它不仅自然地成为人们精神崇拜和公共活动的中心，同时也极大地丰富了村寨的立体轮廓和景观变化，成为村寨聚落最重要的组成部分之一。而在伊斯兰教地区，清真寺成为聚落的重要组成部分。清真寺、教堂、喇嘛庙等不仅常常占据各种不同宗教聚落的中央位置，而且也是最显著的建筑物，成为聚落的标志性景观。

四、语言

语言是文化的一部分。语言的演化受到距离、自然条件、不同民族之间的接触、人口迁移和城市化等多种因素的影响。

中国是一个多民族国家，各民族使用的语言分别属于五大语系，即汉藏语系、阿尔泰语系、南亚语系、南岛语系和印欧语系。其中，使用汉藏语系的人口占全国总人口的98%以上，使用汉语的人口占全国总人口的94%以上。现代汉语有诸多方言，大致可以分为十大方言区。在一些地区，甚至相邻两个村庄之间的方言都不一样。由于语言上的差异，不同地区对同一事物有不同的表达方式。由于人口迁移和城市化的影响，方言在乡村得以更好地保留，是一种非常特殊的文化景观资源。人们每到一地，常常喜欢学几句当地的方言，这就是语言景观的魅力所在。

五、聚落文化

"聚落"一词在古代指的是村落，《汉书·沟洫志》记载："或久无害，稍筑室宅，遂成聚落。"聚落是人类各种形式聚居地的总称。它不仅是房屋建筑的集合体，还包括与居住直接相关的其他生活设施和生产设施。

聚落环境是人类有意识地开发利用和改造自然而创造出的一种生存环境，包括城市、城镇和乡村等。它是在一定地域内发生的社会活动和社会关系，由共同成员组成的相对独立的地域社会。聚落是一种空间系统，是一种复杂的经济、文化现象，是在人类活动与自然在特定地理环境和社会经济背景下相互作用的综合结果。例如，我们熟悉的城市上海，是一座近代发展起来的新兴城市。作为大城市，它只有100年的历史。然而，以"上海"命名的聚落，却已存在上千年。北宋熙宁十年（1077年），在华亭县的东北方已有一个名为"上海"的大聚落，政府在此设立酒务，称为"上海务"，以管理附近地区的酒类买卖与酒税。从现有资料来看，"上海务"是史籍记载中最早以"上海"命名的聚落。

聚落文化是在长期历史发展过程中积累和保存下来的大量古代建筑和文物遗迹，体现了特定时期的社会经济基础和丰富多彩的民族文化，是华夏文明的重要组成部分，也是人类文明发展史的重要组成部分。

我国拥有一批历史文化名城，如北京、安阳、开封、洛阳、西安、南京、杭州。这些城市在漫长而悠久的历史发展过程中，形成了各具特色的聚落文化。其中包括周口店的"北京人"遗址、被誉为"殿宇之海"的故宫、被称为"世界第八大奇迹"的秦始皇陵兵马俑，以及"苏堤春晓""断桥残雪""龙井茶虎跑水"等景观，它们都具有浓郁的地域色彩。

这些聚落文化的形成与聚落本身的形成相似，都经历了漫长的历史过程。在这一过程中，起主要作用的是聚居生活方式、聚落空间特征和社会结构特征。其中，聚居生活方式以人为主体，指在特定时期内人们的行为活动方式（包括生产和生活方式）、社会生产方式与生产关系；聚落空间特征专指可见的物质形态的表现形式（包括聚落的分布形态、外部形态、内部形态以及建筑形态），即建筑和文物；而社会结构特征则存在于两者之中，是人类聚居活动形成和发展的秩序与组织形式（包括社会、经济、技术、文学等的关联与结构）。物质空间作为聚居的场所和载体，是在结合特定的社会、经济、技术等条件下形成的，是聚居生活的空间表现形式。同时，特定的空间形式成为新的组织方式，在一定程度上影响和约束着聚居生活。聚居生活方式、聚落空间特征和社会结构特征三者构成了聚落形态的主要方面。

由此可见，聚落是由居住的自然环境、建筑实体和具有特定社会文化习俗的人所构成的有机体。在传统的聚落环境中，特定的社会文化不仅决定了人们的生活态度和生活方式，还影响着聚落建筑的空间形式。

第三节　乡村景观规划设计的原理

乡村景观规划是人地互动的结果。从物质要素和人文要素两个方面可以看出，乡村景观规划更关注人与环境动态变化的过程和结果。这是一个动态发展的过程，是基于场地属性构建的人地和谐关系。既然已经明确了乡村景观规划的内在关系，那么我们再来看一下乡村景观规划设计的基本原理。

一、景观生态学原理

景观生态学是一门研究景观单元的类型组成、空间配置，以及其与生态过程相互作用的综合性学科，其主要目的之一是理解景观单元的空间结构如何影响生态过程。乡村景观规划强调人类与自然的协调，并将乡村景观规划与设计可能带来的生态后果作为检验其合理性的重要标准。因此，景观生态学理论不仅为乡村景观规划设计提供了坚实的理论基础，还为乡村景观规划与设计提供了一系列的方法、工具和资料。

（一）景观格局与功能原理

景观格局与生态学过程及区域功能密切相关。景观格局通常指的是景观的空间结构特征，包括景观组成单元的多样性和空间配置。乡村景观规划可以通过合理布局景观格局，实现各景观单元之间的生态过程耦合及景观系统功能的整体优化。具体内容主要包括对景观单元中的斑块、廊道、基质和网络的规划设计。

1. 斑块的基本功能与原理

一般而言，景观格局中的空间斑块特征对景观功能，特别是对生态过程具有重要影响。岛屿生物地理学认为，生物物种多样性与斑块的面积密切相关。物种多样性随着斑块面积的增加而增加。在实际景观中，各种大小的斑块往往同时存在，其呈现的生态功能有明显差异。一般认为，大斑块对地下蓄水层和湖泊水面的水质具有保护作用，有利于生境敏感种的生存，为景观中其他组成部分提供种源，并能维持更接近自然的生态干扰体系；而小斑块可以作为物种传播以及物种局部灭绝后重新定居的生境和"踏脚石"，增加景观连接度，为许多边缘种、小型生物群体和一些稀有种提供生境。

斑块结构特征对生态系统过程具显著的影响，主要体现在生态系统的生产力、养分循环和水土流失等过程上。斑块边缘（或地理界面）常常是水土流失或土地退化较为严重的地区，成为经济发展的障碍之一。例如，沿太行山山麓地带的经济发展带等（从宏观尺度上考虑）；靠近工业的斑块边缘部分，最容易受到污染等影响。

斑块的形状对景观的生态功能或过程具有一定的影响。斑块的形状可以通过长宽比、周界面积比和分维数来描述。一般而言，自然过程形成的斑块常呈现不规则的复杂形状，其形状较为松散；而人工斑块往往表现出较为规则的几何形状，其形状较为紧密。根据形状和功能的一般原理，紧密型斑块容易保存能量、养分和生物；而松散型斑块内部与外围环境的交互作用较强，其形状变化也较为频繁。

景观中斑块的数量对景观格局的生态过程有着显著影响。从某种意义上说，减少一个自然斑块，就意味着一个动物栖息地的消失，从而降低景观或物种的多样性以及某一物种的种群数量。一般而言，两个大型自然斑块是保护某一物种所必需的最低斑块数量，而4～5个同类型斑块则是维护物种长期健康与安全的较为理想的斑块数量。当斑块作为生境或栖息地被保护时，必须充分考察斑块本身的属性，包括物种的丰富性和稀有性，同时也要考察其在整体景观格局中的位置和作用。这是因为景观中存在某些关键位置，对这些位置的占领和改变可能对控制生态过程产生异常重要的影响。

2．廊道的基本功能与原理

廊道在景观格局中起着非常重要的作用，根据其主要功能，可以归纳为以下四个方面：（1）作为生境的形式存在，如河边生态系统和防护林带。（2）作为传输的通道，如动物迁徙通道等。（3）具有过滤和阻截的作用，如道路、防风林带及其他植被廊道对能量、物质和生物（个体）流在穿越时的过滤和阻截作用。（4）作为能量、物质和生物的源和汇，影响区域的小气候特征。廊道所具备的基本功能，决定了其在景观中的作用和地位。在景观变化中，应充分重视廊道的建设和保护。具体需要考虑的因素包括以下几个方面：

（1）廊道的连续性。人类活动对自然景观的分割会导致景观功能流受阻，而连续的廊道可以加强孤立斑块之间以及斑块与种源之间的联系，促进物种的空间运动，并支持孤立斑块内物种的生存和延续。此外，廊道作为公路等生产、生活的运输通道，需要具备高度的连续性，以方便人们的生活和生产。然而，必须注意的是，廊道也是一种相对危险的景观结构。首先，它可能引入某些残存物种的天敌，导致物种丧失。其次，一些公路和高压线路作为人类生产和生活的重要运输通道，可能会阻碍生物的迁徙。因此，在景观规划中，必须根据具体情况设置或改造廊道，以充分发挥其功能并减少其潜在危害。

（2）廊道的数量。从生物保护的角度来看，如果廊道有助于物种的空间移动和维持或保护，一般而言，在不破坏整体景观结构和功能以及实际情况允许的条件下，廊道越多越好，这可以减少物种被截留和分割的情况。对于那些具有生产意义但对物种生境产生负面影响的廊道，在不影响人们生活和生产的情况下，应该尽量减少其数量或对其进行改进，以降低其对生物的阻碍或对生境的分割，从而保护物种和生境。

（3）廊道的构成。这里主要指廊道的生物结构。一是作为联系保护区斑块的廊道，其植物成分应该主要由乡土植物组成，并且要与作为保护对象的残留斑块相近。二是作为人们生产和生活的运输通道，如公路，其两旁的植被，无论从保护角度还是经济角度，都应以乡土植物为主，尽量减少外来物种，特别是那些对乡土植物和特殊生境造成较大危害的外来植物。

（4）廊道的宽度。廊道作为生境和生物传播或迁徙的途径，如果达不到一定的宽度，不仅无法起到保护作用，反而可能为外来物种的入侵提供条件。一般来说，对于动物的活动而言，1 000 ～ 2 000 米的宽度比较合适，但对于大型动物来说，则需要十千米到几十千米的宽度。

（二）景观结构原理

1．景观阻力原理

景观阻力指的是景观对生态流动速率的影响。产生景观阻力的原因是景观元素在空间上的异质性分布，尤其是某些障碍性或导流性结构的存在和分布。随着跨越各种景观边界的频率和穿越距离的增加，景观阻力也相应增加。同时，景观的异质性也会影响景观阻力；景观异质性越大，景观阻力越大。例如，对于动物空间运动而言，森林和草地的阻力比建成区小；对于城市扩展而言，平原的景观阻力比山岳小。

2．景观质地原理

从景观功能的角度来看，理想的景观结构应在粗糙的质地中包含一些细腻的元素，即景观中既有大面积的斑块，又有小型的斑块，两者在功能上具有互补效应。景观质地的粗细可通过景观中所有斑块的平均直径来衡量。在一个粗质地的景观中，虽然存在有助于水源涵养和保护森林内物种的大型自然植被，或是集约化的大型工业、农业用地及城市建成区斑块，但整体景观的多样性不足，不利于某些需要多种生境的物种生存；相反，细质地的景观可能缺乏林内物种所需的核心区域，尽管在局部可能通过与邻近景观形成对比来增加多样性，但在整体景观尺度上缺乏多样性，使得景观趋于单调。

（三）景观总体格局原理

在景观结构与功能关系的一般原理基础上，福曼等人提出了两种景观总体格局。

1. 不可替代格局

在景观规划中，首要任务是保护或建设几个大型的自然植被斑块，这些斑块对于水源涵养和空气净化等自然功能至关重要。同时，需要设计足够宽的廊道，以保护水系并满足物种迁徙的需求。在开发区或建成区，应保留一些自然斑块和廊道，以确保景观的异质性。

2. 最优景观格局

在生态学中，被认为最优的景观格局是"集聚间有离析"（aggregate-with-outliers）模式。这一模式首先将土地利用景观进行分类集聚，并在开发区和建成区保留或建设小的自然斑块，同时沿主要自然边界地带分布一些人类活动的"飞地"。该模式具有以下七个方面的景观生态学意义：

（1）保留了在生态学上具有不可替代意义的大型自然植被斑块，用以涵养水源和保护稀有生物。

（2）景观质地应满足"大中有小"的原则。

（3）风险分担。

（4）遗传多样性得以维持。

（5）形成边界过渡带，减少边界阻力。

（6）小型斑块的优势得以充分发挥。

（7）拥有自然植被的廊道有利于物种的空间迁徙。

小规模的道路交通网络给人们的生产和生活带来了便利。

"集聚间有离析"的景观格局模式具有许多生态优势，同时也能够满足人类活动的需求。边界地带的"飞地"可以为居民提供游憩、度假和隐居的机会；精致的景观局部不仅为居民提供了生产、生活空间，还能提供丰富的视觉体验。

（四）集中与分散原理

集中与分散原理是乡村景观规划的主要理论之一。该原理认为，景观和区域的生态最佳配置应该是土地利用的集中布局，同时一些小的自然斑块和廊道分布于整个景观中，人类活动则沿大斑块的边界分布。土地利用的集中布局使景观整体呈现粗粒结构，有助于保持景观总体结构的多样性和稳定性，有利于作业的专业化和区域化，并能够抵御自然干扰和保护内部物种。小斑块和廊道可以提高立地多样性，有助于基因和物种多样性的保护，并能在遭遇严重干扰时分散风险。大斑块之间的边界区是粗粒景观中的细粒区，这些细粒的廊道和节点对多栖息地物种（包括人类）非常有用。因此，这种大集中与小分散相结合的景观模式具有多种生态优势，便于人类活动，是乡村景观空间布局的主要方法之一。

（五）景观安全格局原理

伊恩·麦克哈格（Ian McHarg）在其著作《设计结合自然》（*Design with Nature*）中，系统地提出了尊重自然过程进行景观设计的理念，并在全球范围内广泛应用。各种景观类型在景观中代表着不同的生态过程和功能。对于一个景观而言，要维护生态过程和改善生态功能，首先需要分析景观的过程和机制，甄别各种景观单元在整体生态功能中的作用和地位。其次，在景观设计中，要特别保护或加强对维持生态过程至关重要的景观单元。这是因为土地资源非常有限，在景观设计中，维护特定景观的所有过程和功能既不可能，也没有必要使用大量的土地来维护、加强或控制某种过程。如何用尽可能少的土地来最有效地维护、加强或控制景观的特定过程，是景观设计中一个关键的问题。景观安全格局的理论和方法为解决上述问题提供了理论和方法支持。

景观安全格局原理认为，无论景观是均质还是异质，景观中的各个点位对生态过程的重要性并不相同。其中一些战略性的组成部分及其相互之间的空间联系构成了安全格局，对景观过程和功能有着至关重要的作用和影响。在一个景观中，一些景观安全格局的组成部分可以凭经验直接判断，如一个盆地的出水口、廊道的断裂处或瓶颈、河流交汇处的分水岭；而另一些无法凭经验判断，但可以从以下三个方面进行考虑：

（1）是否有利于控制整体与局部景观。

（2）是否有利于在孤立的景观元素之间建立空间联系。

（3）一旦改变，是否会在物质和能量的效率、经济性，以及景观资源的保护和利用方面对全局或局部景观产生重大影响。

实质上，景观安全理论强调通过控制景观或区域中的关键点以及局部或空间关系，在不同层次上维护、加强或控制景观中的某些过程。根据在景观中维护、加强或控制的过程或目标，景观安全格局可以分为生态安全格局、视觉安全格局和文化安全格局等。通过对景观或区域的主导景观过程的分析，可以进行景观安全格局的分析和设计，判断景观安全格局依赖于安全指标的确定，如生态保护过程中的最小面积、最低安全标准、最小阻力曲线的门阈值等。

二、产业布局原理

区域经济学不仅要研究生产什么、生产多少和为谁生产等一般社会经济问题，还要关注经济和生产活动的空间问题。区位理论是区域经济学和产业布局理论的核心内容之一。所谓区位，即某一主体或事物所占据的场所，是自然地理条件、经济区位和交通区位在空间地域上的具体表现。区位理论是进行乡村景观功能布局和规划的重要依据之一。

（一）农业区位论

农业区位论的创始人冯·杜能在1826年发表的《孤立国》中，阐述了农业土地利用的布局思想。冯·杜能在进行基本经济分析时，对孤立国提出了几种假设，即唯一的城市位于中央；农业土地的经营方式与农业部门的地域分布，随着距离城市市场的远近而变化，其变化取决于运费的大小；市场的农产品价格、农业劳动者的工资、资本利息在孤立国初期均等；农业区内土地均质，适宜农牧业的发展，农业区外为荒地，只宜于狩猎；交通费用与市场距离成正比等。在上述假设的基础上，冯·杜能分析了农业土地利用的布局特征，提出了著名的农业圈层理论（杜能圈），即将孤立国划分成六个围绕城市中心呈向心环带的农业圈层，每一圈都具有特定的农作制度。

第一圈层为自由农作圈，位于距离城市（或消费中心）最近的区域，主要提供容易腐烂且难以运输的农产品，如鲜花、蔬菜、水果、牛奶等，经营特点为高度集约经营；第二圈层为林业圈，为城市居民提供薪炭以及建筑和家具等用材；第三圈层为轮作农业圈，主要提供谷物，谷物和饲料作物轮作，没有休耕地，农作比较集约，地力消耗严重；第四圈层为谷田轮作圈，主要提供谷物和畜产品，谷物、牧草和休耕地轮作，经营比较粗放，是圈层中面积最大的一个；第五圈层为三圃式轮作圈，即谷物—牧草—休耕各占 1/3，是谷物种植的最外层，主要提供畜产品，耕作粗放；第六圈层为畜牧圈，大量的土地用来放牧或种植牧草，为城市居民提供牲畜和奶酪，所种植的谷物仅供农民自己食用，不提供给市场。

由于农业圈层理论描述的是理想状态下的圈层分布，比如自然条件一致且只有一个城市中心（或消费中心），这种情况在现实世界中并不存在。如果假设中的一种或多种条件发生变化，农业土地利用布局的圈层结构就会发生显著变化。例如，由于交通和技术条件的变化，园艺和蔬菜用地可以远离城市中心，从而让位于其他收益更高的土地利用。尽管如此，杜能的农业区位理论从根本上揭示了农业土地利用的本质，阐明了农业土地利用布局与居民点和交通要道距离的关系，以及种植作物的土地收益和集约利用状况的关系。这对指导乡村土地利用结构布局和景观规划具有重要的指导意义。

（二）工业区位理论

工业区位理论的奠基人阿尔弗雷德·韦伯（Alfred Weber）在 1909 年发表的《工业区位论》一书中阐述了工业区位理论的基本原理，其前提是仅探讨工业区位的经济因素。其核心是在自然背景条件一致的情况下，影响工业布局的经济因素主要包括运费、劳动力和经济集聚三个方面，其中交通（运费）起着决定性的作用。相应地，他提出了三个重要的工业区位理论法则，即运输区位法则、劳动力区位法则和集聚法则。

1. 运输区位法则

运输区位法则认为，企业生产成本最低的地点是运费最少的地点，工业的最佳区位由原料、燃料和消费地的分布所决定。当三者分布重合时，最佳工业区位为三者的重合点；但是当多个原料、燃料产地和消费地不重合时，工业区位则为一个多边形，其最佳区位为多边形内的最低运费点。

2. 劳动力区位法则

劳动力区位法则认为，当原材料和成本的额外运费小于节省下来的劳动力成本时，企业在选择区位时将可能离开或放弃运费最低的地点，而转向劳动力价格较低的地区。

3．集聚法则

集聚法则认为，如果企业因集聚而节省的费用大于因偏离运输费用或劳动力费用最低位置而增加的费用，则其区位选择将由集聚因素决定。

韦伯的工业区位理论建立在运输费用的基础上，通过纯经济区位分析推导出工业区位模式。尽管这一理论对现代工业区位模式，尤其是现代中国乡村工业化的区位模式具有一定的实践意义，但由于它排除了特定社会制度和自然背景下非经济因素对工业布局的影响，并且仅从单个企业的费用发生行为确定其区位点，因此在指导区域性的工业布局时具有明显的局限性。

（三）中心地理论

德国地理学家克里斯泰勒（Wakter Christaller）在 1933 年出版的《德国南部中心地原理》一书中，系统地阐述了中心地的数量、规模和分布模式，建立了中心地理论。中心地理论是现代区位论的核心部分。该理论认为，所谓的中心地是指区域内向周围地区的居民点提供各种货物和服务的中心居民点，其职能主要以商业和服务业活动为主，同时还包括社会、文化等方面的活动，不包括中心地制造业方面的活动。中心地职能的作用大小可以用"中心性"或"中心度"来衡量。所谓的"中心性"或"中心度"可以理解为一个中心地对周围地区的影响程度，或中心地职能的空间范围。

中心地理论认为，中心地在空间上遵循等级序列的规律。在一定区域内，中心居民点作为中心地向周围地区提供商品和服务，其规模和级别与其服务半径成正比，与其数量成反比。规模大、级别高的中心地包含多个较低级的中心地。在理想状态下，例如在一个平原地区，各处自然环境、资源禀赋和人口分布均匀，人们的生产技能和经济收入无差别，并且按照就近购物的原则，其在区域内的初始分布是均匀的，其服务半径为圆形。在非理想状态下，对于市场作用明显的地区，中心地分布会根据最有利于物质销售的原则，形成合理的市场区。一般而言，一个高级中心地的服务能力可以辐射到相邻的六个次一级中心地，其市场范围相当于三个次一级中心地。假设以 K 代表高一级中心地所支配的下一级中心地市场范围的总个数，这就构成了 K=3 系统中心地的等级序列空间模式。对于交通作用明显的地区，按照便于交通的原则，各级中心地应分布在上一级中心地六边形边界的中心处。一个高级中心地相当于四个次一级中心地，构成了 K=4 系统中心地等级序列的空间模式。对于行政管理起主导作用的地区，按照便于管理和不分割市场区的行政区划基本原则，中心地体系在空间上呈现 K=7 的中心地等级序列模式，即高一级的中心地相当于七个次一级中心地，中心地呈现巢状化的空间分布模式。这种中心地体系是一种自给自足的封闭体系，居民购物的出行距离最长，交通最不方便。

中心地理论提出了在不同作用机制下中心地等级序列的空间分布理想模式，为研究中心地的空间分布模式及相关的经济和市场行为提供了理论基础和依据，并为不同等级中心地的空间配置提供了理论参考。目前，该理论已被广泛应用于城乡居民点体系和土地利用规划中。尽管如此，中心地理论仍存在许多缺陷，例如它假设了许多前提条件，未考虑社会因素以及城乡居民点的历史演变过程和未来发展趋势。所提出的中心地等级序列模式是一种理想化状态，在现实中很难完全实现。例如，在经济不发达地区，由于居民收入低，交通通勤半径小，为使居民在可承受的交通费用条件下获得服务，必须缩短中心地之间的距离，从而增加中心地的数量；相反，在经济发达的平原地区，由于居民收入高，交通通勤半径大，中心地的数量将相应减少。在上述情况下，中心地体系并不像中心地理论推导的那样呈现出一个完整有序的等级结构。

（四）市场区位理论

德国经济学家廖什（A.Losch）在 1939 年出版的《经济的空间秩序》一书及其后的第二版（改名为《经济区位论》）中，发展了中心地理论，系统地构建了市场区位理论。市场区位理论认为，由于产品的价格随着距离的增加而增加（产地价格加上运费），导致需求量的递减。因此，单个企业的市场区域最初是以产地为圆心、以最大销售距离为半径的圆形。通过自由竞争，这些圆形市场被挤压，最终形成了六边形的产业市场区域，构成了整个区域以六边形地域单元为基础的市场网络。

市场网络在竞争中不断调整，会出现两种地域分化：首先，各市场区的集结点随着总需求量的增长逐步形成一个大城市，所有的市场网络都交织在大城市周围。其次，在大城市形成后，交通线将发挥重要作用。距离交通线近的区域具有优势，而距离交通线远的区域则不具备这种优势，工商业配置大为减少，形成了近郊经济密度的稠密区和稀疏区，从整体上构成了一个广阔地域范围内的经济景观。

（五）区域经济模型

根据现代区位理论的研究成果，区位是在自然、社会、经济、技术乃至人文等诸多因素的综合影响下形成的。因此，现代区位理论认为，产业分布作为社会生产力运动的空间形式，表现为生产要素在区域间的组合、资源要素的流动与配置、产业的崛起与成长、产业群体的聚集与扩散等多个方面。经济发展过程中，由于不同经济区域拥有的静态资源（如矿产）和动态资源（如资金和技术等）不同，形成了区域经济优势的差异。在生产力水平低、技术利用程度不高的时期，拥有丰富静态资源的区域占有较大优势，人们可以通过粗放的经营方式开发利用这些资源，较快地建立相应产业，获得先期效益。然而，随着经济发展、技术进步、制度与组织创新及贸易的发展，各区域的资源要素的区位成本和相对优势会发生转移。产业的聚集与扩散是现代产业经济活动在空间结构上的对立统一。在宏观上，产业聚集和扩散相互依存、相互制约、循环演变、交替发展。在"聚集—扩散—再聚集—再扩散"的演变链中，聚集因素起主导作用，但由于过度聚集引起的负效应，以及技术进步导致的扩散成本大幅降低，过度聚集会走向分散。这种扩散主要呈现出一种梯度扩散模式。从总体趋势看，广大的乡村地区将承接这种产业扩散，这对推动城乡经济一体化发展极为有利。但必须密切注意产业向乡村地区扩散过程中可能带来的景观破坏、生态恶化等负面效应，并探索一条乡村可持续发展之路。

三、可持续发展原理

可持续发展的概念来源于生态学，最初应用于林业和渔业，主要指一种资源管理战略，即如何合理收获资源的一部分，使资源不受破坏，并确保新增长的资源数量足以弥补所收获的数量。随后，这一理念被广泛应用于农业、开发和生物圈，并不限于单一种资源的情况。

可持续发展与传统发展有明显的不同，主要体现在以下五个方面：

（1）在生产过程中，必须同时考虑生产成本及其对环境影响。

（2）在经济上，应将眼前利益与长远利益相结合，进行综合考虑。在计算经济成本时，应将环境损害作为成本的一部分进行计算。

（3）在哲学上，在"人定胜天"与"人是自然的奴隶"之间，选择人与自然和谐共处的哲学思想，这类似于中国古代的"天人合一"思想。

（4）在社会学上，环境意识被认为是一种高层次的文明，要通过公约、法规、文化、道德等多种途径来保护人类赖以生存的自然基础。

（5）在生产目标上，不应仅仅追求高速增长，而应寻求供需平衡的可持续发展。

因此，从总体上来讲，可持续发展的概念从环境和自然资源的角度提出了关于人类长期发展的战略和模式。它并不是一般意义上所说的发展进程需要在时间上连续运行、不被中断，而是特别强调环境和自然资源的长期承载能力对发展进程的重要性，以及发展对提高生活质量的重要性。可持续发展的概念从理论上改变了长期以来将经济发展与环境和资源保护互相对立的错误思路，明确指出经济发展与资源和环境保护是相互联系、互为因果的。

要实现真正的可持续发展，即在社会发展、文化保存与进化、经济发展、生态环境保护和资源集约利用方面形成一个有效协调的运行机制，必须遵循公平性、可持续性、多样性、协调性和社会可接受性原则。

（一）公平性原则

可持续发展的公平性原则包括以下三个方面：

（1）当代人的公平性，即同代人的横向公平性。可持续发展需要满足全体人民的需求，并回应他们对进一步提高生活质量的愿望。

（2）代际间的公平，即世代人之间纵向的公平性。我们必须认识到，人类赖以生存的自然资源是有限的，当前世代不能因自身的发展需求而损害人类世世代代满足需求的基础——自然资源与环境。

（3）公平分配有限资源。

（二）可持续性原则

可持续性是可持续发展的核心。可持续性主要针对经济和社会发展中的资源与环境问题，旨在保持或延长资源的生产使用性和资源基础的完整性，使自然资源永远为人类所利用，不至于因耗竭而影响后代的生产与生活。可持续性原则要求在可再生能力范围内，使用有机生态系统或其他可再生资源，维持基本的生态过程和生命支持系统，保护基因、物种和景观多样性，可持续地利用物种和资源，保护和合理使用大气、水和土地，避免造成退化等问题。

（三）多样性原则

可持续发展的多样性原则主要包括以下两个方面：

（1）从自然角度维护生物多样性。维护生物多样性必须从三个层次进行考虑，即景观多样性、物种多样性和基因多样性，这三者相辅相成，相互联系。

（2）保持社会和文化的多样性。目前，社会经济发展正朝着趋同性方向迈进，这对文化和风俗的保存提出了严峻的挑战。维护社会、文化和风俗的多样性已经成为可持续发展中的重要内容。

随着我国大规模的城市和村镇改造，许多文化景观遭到严重破坏，对文化和风俗的延续产生了不利影响。此外，建筑风格趋同，古城风貌不复存在，对旅游业的发展也产生了负面影响。

（四）协调性原则

从一定程度上讲，可持续发展追求的是人与环境、人与人（当代和后代之间）的一种协调关系，协调性原则是可持续发展的一个基本原则。通常认为，发展受到三个方面因素的制约：一是经济因素，即要求效益超过成本，或至少与成本持平。二是社会因素，要求不违反基于传统、伦理、宗教、习惯等形成的一个民族和一个国家的社会准则。三是生态因素，要求保持好各种陆地和水体的生态系统、农业生态系统等生命支持系统及相关过程的动态平衡。生态因素的限制是最基本的。发展必须以保护自然和环境为前提。选择可持续发展模式，必须综合考虑各方面因素，在注重经济快速发展的同时，必须对自然和环境给予充分的考虑，使经济发展与资源保护的关系始终处于平衡或协调状态。也就是说，要协调好人与自然的关系。

（五）社会可接受性原则

社会可接受性是衡量发展战略能否顺利实施的关键所在。任何脱离实际、不能被社会接受的发展战略，其最终结果只是一个理想，无法付诸实践。确保可持续发展能够被社会接受并得到公众广泛参与，已成为制定和实施可持续发展战略的重要步骤。在实现可持续发展的过程中，公众参与具有重要作用：一是通过公众参与可以确保可持续发展的公平性，获得公众的广泛认同，并积极参与到实施可持续发展战略的相关行动和项目中去。二是可以促进公众转变思想，树立可持续发展的观念，使其行为方式符合可持续发展的要求。

■ 四、景观美学原理

乡村景观不同于城市景观，它既具有自然美学价值，又具有文化美学价值。因此，在整体规划时必须遵循美学原则。

（一）一般美学原则

在设计中，为了更好地体现乡村景观的美学功能，最大限度地维护、加强或重塑乡村景观的形式美，应遵循一般的美学原则。这些原则主要包括统一、均衡、韵律和比例等几个方面。

1．统一原则

统一性是一项公认的艺术评论准则。对于乡村景观，由于其功能的多样性和结构的复杂性，形式上的多样化是必然的。然而，根据构成景观的单元性质，大致存在两种极端状态：相互异质和相互同质。相互异质意味着不存在相同或共有的元素，由此可能导致整体混乱；相互同质意味着构成因素具有相同的特点，同质过多则可能导致单调和呆板。在变化中求统一，在统一中求变化，是统一原则在乡村景观改造和规划设计中应用的核心。

2．均衡原则

均衡是一种存在于所有造型艺术中的普遍特性，它创造了宁静，防止了混乱和不稳定，具有一种无形的控制力，给人以安定而舒适的感受。人们通过视觉均衡感可以获得心理平衡，而均衡感的产生来自均衡中心的确定及其他因素对中心的呼应。由于均衡中心具有不可替代的控制和组织作用，在乡村景观规划设计中必须强调这一点。只有当均衡中心确立起显而易见的优势地位，所有的构成要素才能建立起相应的对应关系。

3．韵律原则

韵律是元素有规律地重复，由此可以产生强烈的方向感和运动感，引导人们的视线和行走方向，使人们不仅产生连续感，还期待着连续感所带来的惊喜。在乡村景观中，韵律由非常具体的景观要素组成，是将任何片段感受进行图案化的最可靠手段之一。它能够组织和简化众多景观要素，从而使人们产生"记忆"，并形成视觉上的运动节奏。具有韵律感的组合对人们的视线和活动具有较强的引导作用。

4．比例原则

比例是指存在于整体与局部之间的合乎逻辑的关系，是一种用于协调尺寸关系的手段，强调整体与部分、部分与部分之间的相互关系。当一个乡村景观构图在整体和部分尺寸之间能够找到相同的比例关系时，就能产生和谐、协调的视觉效果。在造型艺术中，最经典的比例是黄金分割，即整体边长与局部边长之比为 1 ∶ 0.618。在景观空间规划设计中，常用多种方式处理景观要素的比例问题，其中最为常用的一种是使用圆形、正三角形、正方形等几何图形的简明且明确的比例关系，调整和控制景观空间的外轮廓线以及各部分主要分割线的控制点，使整体与局部之间形成协调、匀称、统一的比例。

（二）自然景观的美学特征

在一定程度上，任何一种自然景观都有其潜在的美学价值。只要与人（无论是个人和群体）的感知相契合，或与人的文化相融合，其美学价值便能够充分地展现出来。根据安特罗普（Antrop）的总结，自然景观具有以下几个特征：

（1）合适的空间尺度。

（2）景观结构的适度有序化（有序化是对景观要素组合关系和人类认知的一种表达，适度的有序化而不应过于规整，可以使景观更生动）。

（3）多样性和变化性，即景观类型的多样性和时空动态的变化性。

（4）清洁性，即景观系统的清新、洁净和健康。

（5）安静性，即景观的静谧、幽美。

（6）运动性，包括景观的可达性以及生物在其中的自由移动。

（7）持续性与自然性。

随着工业、能源、交通等行业的迅速发展，景观资源同其他自然资源一样，遭到严重破坏。环境的视觉污染也和其他环境污染一样，越来越严重地威胁着人们的身心健康。随着人们对居住环境质量的重视程度不断提高，保护景观资源和防治视觉污染的意识越来越强。英、美等发达国家已经采取了相关措施。从 20 世纪 60 年代中期到 70 年代初期，一系列强调保护景观美学资源的法令相继出台，如美国国会通过的《荒野法》（1964）、《国家环境政策法》（1969）、《海岸带管理法》（1972）和英国 1968 年通过的《乡村法》。这些法令标志着长期以来供人们享用但未被珍惜的景观美学资源，将与其他具有经济价值的自然资源一样，受到法律的保护。然而，初期的景观美学资源往往缺乏价值衡量标准，在实际运作过程中遇到许多问题，从而推动了科学景观美学研究的发展，相继出现了景观资源管理系统，如美国林务局的风景管理系统

（Visual Management System，VMS）、美国土地管理局的风景资源管理（Virtual Resource Manager，VRM）等，为景观美学资源的评价和保护提供了科学的方法论。

（三）人文景观的美学特征

人文景观是人类精神、价值观和美学观念在自然景观上叠加的结果，它反映了人与自然环境之间的相互作用，是一种既可认知又不能完全认知的复杂现象。人文景观通常由细小的斑块镶嵌而成，结构复杂。在这些细小的斑块中，许多自然形态的林地和草地已经完全地方化，并以多种方式被利用，潜移默化地渗透了当地的文化和历史内涵。

人文景观是人类活动与自然环境相互作用的产物，是独特的物种、格局和过程的组合，主要特点是景观破碎度高、质地均匀，以及存在更多的直线性结构。这种景观相当脆弱，极易遭到破坏，必须在人为管理下才能得以维持。因此，人文景观中保留了各历史时期的人类活动遗迹，经过现代人的智力加工，可以形成丰富的具有地方色彩的社会精神文化。因此，许多重要的旅游景点都是人文景观。与单纯的自然景观相比，人文景观更为丰富，更具有欣赏价值。

第四节　乡村景观规划设计的程序及方法

■ 一、乡村景观规划设计的目标

乡村景观是一种具有特定行为、形态和内涵的景观类型，代表着从分散的农舍到能够提供生产和生活服务功能的集镇的区域，是土地利用相对粗放、人口密度较小，具有明显田园特征的地区。乡村景观规划是一种运用景观学原理，解决景观层面上的经济、生态和文化问题的实践研究。乡村景观资源具有使用价值和稀缺性，稀缺性要求在景观利用与预定目标之间建立协调的作用机制。在一定意义上，乡村景观规划是在认识和理解乡村景观特征和价值的基础上，通过规划来减少人类对环境影响的不确定性。依据乡村自然景观特征，结合地方文化景观和经济景观的发展过程，将自然环境、经济和社会作为高度统一的复合景观系统进行规划。规划过程中，应考虑自然景观的适宜性、功能性和生态特性，经济景观的合理性及社会景观的文化性和传承性。以资源的合理、高效利用为出发点，以景观保护为前提，合理规划和设计乡村景观区内的各种景观要素和人为活动，在景观保护与发展之间建立可持续的发展模式，实现景观结构、景观格局与各种生态过程以及人类生活、生产活动的互利共生，协调发展。因此，优化整合乡村群落的自然生态环境、农业生产活动和生活聚居建筑三大系统，协调各系统之间的关系，实现乡村经济社会的可持续发展，是乡村景观规划设计的基本目标。

总之，乡村景观规划旨在合理安排乡村土地及其上的物质和空间，以创造高效、安全、健康、舒适和优美的环境。这是一门科学与艺术的结合，致力于为社会打造一个可持续发展的整体乡村生态系统。乡村景观规划离不开对环境与生态的关注。环境方面，重点考虑土壤、大气、建筑物和氛围等问题；生态方面，则涉及植物、动物等有生命的元素，这是一个动态发展的过程。

二、乡村景观规划设计的程序

（一）确定乡村景观规划范围，明确规划任务

根据乡村景观的基本特征以及景观规划的完整性和一体性，对县级建制镇以下广大农村区域进行的景观规划都属于乡村景观规划的范畴。其具体范围一般为行政管辖区域，也可根据实际情况，以流域和特定区域作为规划范围。

按照规划，任务可以分为以下六个方面：

（1）乡村景观综合规划设计。

（2）以自然资源保护为主的规划设计。

（3）以自然资源开发利用为主的规划设计。

（4）农地综合整治规划设计（农地整理规划设计）。

（5）乡村旅游资源开发、利用和保护的规划设计。

（6）乡村聚居和交通的规划设计。

（二）乡村景观类型与利用状况调查和分析

乡村景观类型与利用状况的调查和分析，既是乡村景观合理规划的基础，又是乡村景观规划的重要依据。在进行乡村景观规划时，对乡村景观类型与利用状况的调查和分析是一项关键内容，需要从以下几个方面进行：

1. 乡村景观资源与利用状况调查分析的资料收集

进行乡村景观规划及乡村景观资源与利用状况调查分析时，需要收集大量

的基础资料。主要包括以下几个方面：

（1）土地利用现状与历史资料，包括土地利用现状调查与变更数据、土地利用现状图、农村土地权属图、土地利用档案及各类土地利用专项研究资料和报告等。

（2）乡村景观资源构成要素的资料，包括区域地理位置、土壤资料、植被资料、气象气候资料、地形地貌资料、水文及水文地质资料、自然灾害资料、地质环境灾害资料、矿产资源及其分布资料等。

（3）人文及社会经济资料。人文资料包括文化、风俗和人文景点分布与相关背景材料；社会经济资料包括行政组织及其沿革，人口资料，国民经济统计年鉴，上位、本体及下位的国民经济及社会经济发展计划，经济地理区位与交通条件，村镇分布与历史演变，水土资源和能源开发利用资料等。同时，还包括经济发展战略、经济发展水平、主要工农业产品产量与商品化程度、人均收入水平、教育水平以及在区域经济中的地位等。

（4）相关法规、政策和规划，包括国家和地方关于乡村资源开发利用管理的法律法规、国土规划、土地利用规划、村镇规划、各类保护区规划及其专项规划等。

2．乡村景观的类型、结构与特点分析

（1）乡村景观类型与结构。在收集基础资料的基础上，结合区域路线调查和访谈，详细掌握规划区域内乡村景观的类型，包括自然景观资源、人工景观资源和文化资源的类型，并分析其数量、质量、价值及空间表现形式等。

（2）乡村景观资源的特点。通过对自然、社会、经济、文化等层面的宏观分析，明确乡村景观资源的优势、分布与开发利用前景。同时，分析乡村景观资源开发利用中存在的问题，以及这些问题对乡村景观可持续利用管理、乡村人居环境改善、自然保护等方面的限制作用。特别强调现有乡村景观利用行为对景观资源保护与增值的破坏性影响。

3．景观空间结构与布局分析

分析时可以采用两种方式：一是按照景观斑块—廊道—基质模式进行分析；二是按照乡村景观资源，特别是土地利用的空间与布局进行分析。

（1）景观斑块—廊道—基质模式。按照景观斑块—廊道—基质模式，主要利用景观单元的划分标准，调查分析规划区域内的斑块和廊道的类型、性质与空间格局和分布状态，以及与基底的相互作用关系。这为诊断景观敏感区域、类型和景观过程提供依据。

（2）土地利用空间结构与布局分析。可以根据土地利用现状进行分类，对规划区域内的土地利用类型、数量、比例和空间结构进行分析，主要包括对耕地、园地、林地、牧草地、居民点及工矿用地、交通用地、水域和未利用土地的分布特点和利用状况的分析，以及对进一步开发利用和保护的潜力进行评估，为规划区域土地利用问题的诊断提供科学依据。

4．景观过程分析

景观过程是指在时空尺度范围内发生在景观中的各种生态过程，它对景观格局的变异及景观主体功能具有显著影响。根据景观功能受到的人为干扰及生态和文化因素，景观过程可以分为景观破碎化过程、景观连通过程、景观迁移过程、景观文化过程和景观视觉过程。

（1）景观破碎化过程。景观破碎化过程主要指人类活动对景观干扰所引起的破碎现象。人类活动如公路、铁路、渠道、居民点建设，大规模的垦殖活动和森林采伐等，都是导致景观破碎化的诱因；同时，自然干扰，如森林大火，也是导致自然景观破碎的因素之一。如今，景观破碎化过程主要由人为因素引起，它对区域的生物多样性、气候、水平衡等产生了巨大的影响，已经成为引发许多生态问题的主要原因之一。景观破碎化过程包括地理破碎化和结构破碎化两种过程。可以在同一比例尺和景观分类标准下，根据不同时段的景观图，采用多种景观指数进行综合分析。在此基础上，可以根据不同景观类型的性质，分析景观破碎化过程对规划社区景观结构和功能的影响。

（2）景观连通过程。从对景观均质性的影响而言，景观连通过程与景观破碎化过程正好相反。景观连通过程在景观的经济、生产和生态功能中发挥着重要作用，与景观破碎化具有相同或相似的功能效应。景观连通过程可以通过结构连接度和功能连通性的变化进行分析。结构连接度指的是斑块之间自然连接的程度，是景观的结构特征，可以反映景观要素（如林地、树篱、河岸等斑块）的连接特征；功能连通性则是测量过程中的一个参数，表示相同生境之间功能连通程度的度量方法，它与斑块之间的生境差异呈负相关。通过斑块连通性的变化，景观在某些情况下能够引发景观基质的变化，逆转区域生态过程，甚至产生重大的环境影响。

（3）景观迁移过程。迁移过程包括非生物的物流、能流和动物流三个过程。物质迁移过程主要包括土壤侵蚀与堆积、水流和气流等几种过程。通过诊断物质迁移的主要过程，并分析引发迁移的影响因素和过程机制，可以有针对性地了解物质迁移过程对景观功能和空间布局的负面影响，并提出相应的乡村景观规划对策。能量迁移过程是能量通过某种景观物质迁移过程而发生的流动过程。分析景观资源中潜在的能量以及其释放或迁移方式，对于化害为利具有重要的价值。动物的迁移过程包括动物的迁移和植物的传播，是景观生态学的重要研究内容。在自然保护区的规划设计中，必须对动物的迁徙和植物的传播过程及途径进行深入研究，为保护生物栖息地和迁移廊道提供科学依据。

（4）景观文化过程。正如"破坏性建设"对风景旅游区的价值破坏造成损害一样，在乡村景观更新过程中，对乡土文化的人为割裂和破坏已经到了相当严重的地步。我国的乡土文化源远流长，并且随地域不同而展现出不同的文化和风俗，这具体体现在区域的文物、历史遗迹、土地利用方式、民居风貌和风水景观之上。通过调查分析和访谈，正确诊断并发现具有当地特色的上述乡土文化和风俗的表现形式，有意识地在乡村景观规划中保护这些文化，并结合乡村景观更新进行科学的归纳和抽象加工（这是乡村景观规划意象的初步阶段）。按照与时俱进和保护发展乡土文化的基本原则，以适当的形式在景观规划中进行表达，对于体现乡村景观的地方文化标志特征，增强乡村居民的文化凝聚力，并提高乡村景观的旅游价值具有重要作用。

（5）景观的视觉感知过程。人们在摆脱物质匮乏阶段后，对人居环境的要求越来越高。在以往的生产和建设中，由于缺乏对环境美学的关注，"视觉污染"问题相当严重。为了消除"视觉污染"，同时避免在乡村景观更新中产生新的"视觉污染"，对乡村景观的美学功能造成损害，必须对乡村景观的视觉感知过程进行分析。在景观规划发展中，目前已经形成了一套关于景观视觉感知过程的原理和方法体系，如景观阈值原理和景观敏感度等，为在乡村景观规划设计中充分发挥景观的美学功能提供了科学的方法支持。

5. 乡村景观资源利用的集约度与效益分析

乡村景观资源利用的集约度与效益，是衡量乡村景观资源开发利用程度的重要指标。可以通过分析乡村景观资源在生产、生态、文化和美学等方面的潜在功能及其效益，借助投入产出等经济学方法进行研究。

（1）乡村景观资源利用集约度分析。从经济学角度来看，资源利用集约度是指单位面积上人力和资本的投入量。针对农地资源，特别是耕地资源，其集约利用度可以从机械化水平、水利化水平、肥料施用量、劳动力投入量等方面进行衡量；对于文化和美学资源的利用集约度，可以通过区域文化和美学资源的开发投资强度来反映。

（2）乡村景观资源利用效益分析。乡村景观资源利用效益主要包括经济效益、社会效益和生态效益。乡村景观资源利用的经济效益是指景观资源单位面积的收益；乡村景观资源利用的社会效益可以通过分析乡村景观资源利用为社会提供的产品和服务的数量进行定量或定性分析评价；乡村景观资源利用的生态效益可以分析乡村景观资源利用对生态平衡维持和自然保护所造成的正面或负面影响的程度，用水土流失、沼泽化、沙化、盐碱化、土地受灾面积的比例变化定量描述，同时也可以利用一般性原理解释一种利用方式对生态影响的机制，来进行定性描述。

6．乡村景观资源利用状况评述

通过对乡村景观资源利用状况的评述，旨在总结乡村景观资源利用的演变规律、利用特征，以及利用过程中的经验教训，分析存在的问题及其原因，并提出合理利用乡村景观资源的设想。其主要内容包括：基本情况概述，如自然条件、经济条件、文化风俗、生态条件等；乡村景观资源利用的特点和经验教训；乡村景观资源利用中存在的问题；乡村景观资源利用结构调整的设想；维护、改善或提高乡村景观资源生产和服务功能的途径；提高乡村景观资源综合利用效益的建议等。

（三）乡村景观评价

乡村景观评价是乡村景观规划设计的基础和核心内容，贯穿整个乡村景观规划设计过程。其根本任务是建立一套指标体系，对乡村景观所具有的经济价值、社会价值、生态价值和美学价值进行合理评价，揭示现有乡村景观中存在的问题，并确定未来发展方向，为乡村景观规划与设计提供依据。根据其评价目标，乡村景观评价主要包括土地生产潜力与适宜性评价、乡村聚落与工业用地立地条件评估、乡村景观格局评价、景观生态安全格局分析、景观美学质量评价、景观阈值评价、景观敏感度评价、景观视觉质量评价等。下面选择两个评价方面进行阐述。

1．乡村景观视觉质量评价

景观评价方法分为描述法（Descriptive Inventories）、公众偏爱法（Public

Preference Methods）和定量整体技术法（Quantitative Holistic Techniques）三类。描述法包括生态学和形式美学两种模型，多采用专家客观评价的方法；公众偏爱法，如心理学和现象学模型，常常使用问卷调查的方式，检验公众偏好的一致性；定量整体技术法采用主观和客观的方法，包括心理物理学模型和替代模型。

乡村景观视觉质量评价（Visual Quality Assessment of Rural Landscape）是在综合各种景观评价方法的基础上提出的，包括以下五个方面：

（1）根据景观单元的相似性（如土地利用、高度和坡度等），利用地理信息系统（Geographic Information System，GIS）对研究区域进行景观分类。

（2）对每个景观单元的主要土地利用方式进行拍照。

（3）通过观察者的偏好调查来评估景观的美观度。

（4）在对相隔一定距离的风景视觉质量进行测量后，使用绝对或相对变量对每幅图像中出现的景观属性和要素的强度进行评估。

（5）通过反向解释各个变量，分析每个要素在景观视觉质量感知中的作用。

一般认为，人造特征和荒芜程度在决定乡村景观视觉质量中起着关键作用。当人造特征成为景观视觉质量中最重要的要素时，规划时应考虑这些要素对景观的影响。一些用于维持产量的土地，其景观质量较低，但与荒地相比，仍然具有一定的美感。对于农业景观而言，植被的比例和色彩对比是影响景观视觉质量的两个重要因素。作物多样性越低，或者农业景观的同质性越高，其视觉质量就越低；相反，当作物多样性较高时，其视觉质量就较高。

乡村景观视觉质量评价有助于乡村开发建设决策的制定。通过评价和比较，可以选择适合的开发建设场地，从而保护原有的乡村景观风貌。

2. 景观敏感性评价

景观敏感度（Landscape Sensitivity）是衡量景观被注意程度的指标。它综合反映了景观的显著性、可见性、清晰度及醒目程度，并与景观的空间位置、物理属性等密切相关。

景观敏感度评价过程以主要观景点和观景路线（包括现有的和可能开设的）作为基点和基线进行评价。该过程通过相对坡度、相对距离、出现概率和醒目程度四个因素对景观敏感度进行度量和分级。

（1）相对坡度。当观景者与景观的相对视角（$0 \leqslant \alpha \leqslant 90°$）越大，景

观被看到的部分和被注意到的程度就越大。在垂直视角和水平视角都在30°的视野范围内，景观最为清晰，也最引人注目。

（2）相对距离。景观与观景者之间的距离越近，景观的可见性和清晰度就越高，由人为活动带来的视觉冲击的可能性也就越大。

（3）出现概率。在观景者的视野内，景观出现的概率越大或持续的时间越长，景观的敏感度就越高，景观及其附近的人为活动可能带来的影响也就越大。

（4）醒目程度。景观的醒目程度主要由景观与环境的对比度决定，包括形状、线条、色彩、质地以及动静的对比。对比度越高，景观的显著性也就越高。根据以上各单项因素对景观敏感度的影响，提出景观综合敏感度的函数：

$$S=f\left(S_a,\ S_d,\ S_t,\ S_c\right) \tag{2-1}$$

式中：S_a，S_d，S_t，S_c 概率分别代表基于相对坡度、相对距离、出现概率和醒目程度得到的敏感度分量，通过各敏感度分量的分级分布图的叠置，也就是 S_a、S_d、S_t 分量的合取（∩）和分量的析取（∪）过程得到敏感度综合分组分布图：

$$S=f\left(S_a\cap S_d\cap S_t\right)\cup S_c \tag{2-2}$$

敏感度综合分级分布包括一级敏感区（近景带）、二级敏感区（中景带）、三级敏感区（远景带）和四级敏感区（不可见区域），景观敏感度依次呈递减的趋势。

除上述一般性的乡村景观评价内容外，在乡村景观规划设计中有时还会涉及特殊景观资源的评价和保护。特殊景观资源是指具有特殊保护价值的文化景观和自然景观，包括具有历史文化价值的文化遗迹、具有潜在科学和文化价值的地质遗产以及不同保护级别的自然景观等。对规划区内这些特殊景观资源进行分类整理、分析和评价，以及分析乡村景观更新对其价值所造成的影响，是乡村景观规划设计中不可或缺的评价分析内容。对特殊景观资源的评价分析不同于其他景观资源的评价方法，一般可以由专家定性完成；对于乡村景观更新中对特殊资源的影响评价，可以采用环境影响评价的流程进行。

（四）乡村景观规划设计

针对我国乡村存在的资源利用不合理、生活贫困、聚落零散等问题，乡村景观综合规划通常包括以下三个方面：乡村景观整体意象规划、乡村景观功能分区及乡村产业带规划。同时，根据具体情况，可以进行乡村景观的专项规划设计，如乡村聚落规划设计、交通廊道设计、自然保护区规划设计、田园公园规划设计和农地粮地规划设计等。在此基础上，根据规划任务设定不同的规划设计目标，并进行多方案设计。

1. 乡村景观整体意象规划

所谓的意象，是指在人们对客观事物的认知过程中，通过信仰、思想和感受等多方面形成的一种具有个性化特征的意境图式。意象可分为原生意象和引申意象。在乡村景观规划中，引入意象的概念作为一个重要层次，有助于实现乡村景观的综合规划。整体意象规划的主要目标是突出乡村景观的个性化、地方化和社会性。因此，乡村景观的整体意象规划不仅是乡村景观规划的基础，也是确保规划适当、准确和具有标示性的关键步骤。对于具有地方色彩和个性化，或具备特殊保护价值的乡村景观资源的区域，乡村景观规划应紧紧围绕具有地方性和个体性的自然与人文景观。按照主题鲜明、整体协调和保护传统景观资源的基本原则，进行乡村景观整体意象的规划设计。在缺乏地方特色并以现代景观为主的乡村区域，乡村景观整体意象规划应从地方文化和风俗的历史演变中，寻找能够代表区域地方性和个体性特点的景观意象。充分发挥人们的景观创造力，设计出具有地方性、时代性、先进性、生态性和较高美学价值的乡村景观。

2. 乡村景观功能分区

乡村景观功能分区是在对乡村景观资源环境进行调查和评价的基础上，以景观科学理论为依、景观过程分析为核心、景观规划设计技术系统为支撑、乡村人居环境建设为中心、乡村可持续发展为目标，研究确定乡村景观的总体特征、总体格局和发展方向，并对乡村景观资源环境的功能和更新方向进行划分。具体来说，乡村景观功能分区过程是在不同空间尺度上，对乡村景观类型、景观价值、景观中人类活动特征、存在问题、景观资源的开发利用方向和方式、景观问题解决途径、景观未来的演变趋势等，进行综合分析后，将资源基础、人类活动特征、存在问题与解决途径、未来发展方向、相同或相似的景观类型在空间上进行合并，形成具有相同景观价值与功能的景观区域的过程。根据乡村景观中存在的问题和解决途径，以及乡村可持续发展体系建设的原则，一般可以将乡村景观划分为四大区域：乡村景观保护区、乡村景观整治区、乡村景观恢复区和乡村景观建设区，并依据实际情况划分亚区。例如，乡村景观保护区内可以划分为基本农田保护亚区、湿地保护亚区、天然林保护亚区和古迹保护亚区等。

乡村景观功能分区设计是乡村景观综合规划的重要环节，也是其规划的重要成果。它在空间上起到控制乡村景观维护和更新方向及任务的功能，同时为乡村景观规划设计的细化和完善提供空间控制基础、规划用途的管理规则，以及解决景观问题的途径等。

3.乡村产业带规划

根据我国乡村区域的经济功能（含第一、第二、第三产业），乡村区域内的人类活动主要包括农业生产、采矿业、加工业、休闲产业、服务业和建筑业六大类。这些具体活动有：粮食种植、经济作物种植、养殖（水产畜牧）、地下开采、露天开采、农产品加工、重化工业、机械加工制造、建筑材料工业、大型工厂建设、乡村野营、游泳、划船、骑马、自行车户外运动、高尔夫运动、登山、滑雪、自然探险、生活体验、风俗民情旅游、古聚落旅游、农产品销售市场、公共交通服务、零售服务、住宿服务、餐饮服务、居民住宅建设、乡村公园建设、乡镇规划等33类活动。

针对规划区域，首先应根据当地的社会经济发展战略，对社会经济发展水平、技术条件和景观资源的禀赋进行市场调查和科学分析。在保护和合理开发乡村景观资源，并确保其可持续利用的前提下，确定规划区域的产业发展规划设想。其次，根据各产业对景观资源条件和属性的需求，进行适宜性评价，确定各产业的适宜性地带。最后，依据各产业的发展目标、优先次序和适宜程度，制定乡村产业地带规划。

在进行上述综合层面规划的基础上，可根据具体情况，进行乡村景观的专项规划设计，如乡村聚落规划设计、交通廊道设计、自然保护区规划设计、田园公园规划设计、农地规划设计等。在规划过程中，可以根据任务要求和区域具体情况，设定不同的规划设计目标，进行多方案设计。

（五）乡村景观规划设计方案的优选

按照不同的要求和目标进行多方案设计，是获取切实可行且合理的乡村景观规划设计方案的重要步骤，也是面向社会各阶层修改乡村景观规划设计方案的基础。多个乡村景观规划设计方案的优选通常通过环境影响评价、经济评价和公众参与三个方面进行。

1.环境影响评价

鉴于社会经济发展过程中带来的环境问题，国际上非常重视规划和工程设计的环境影响评价，以避免人类对资源的利用行为对环境产生严重的负面影响。随着人为造成的生态环境恶化事件不断发生，我国政府高度重视生态环境保护与建设，并颁布法律，规定规划和工程设计必须进行环境影响评价。环境影响评价可以针对规划区域的特点，以及乡村景观规划中的景观更新方案，评估景观单元本身和周围生态环境的影响，以及对生物和景观多样性、栖息地保护、地质环境、独特自然景观的影响。通过建立评价指标体系，采用定量评价方法，评估规划设计方案的环境影响程度，回答规划设计方案对环境的影响具体程度，以及对生态环境改善的促进作用等，为决策层和公众选择规划设计方案提供科学依据。

2．经济评价

经济评价是乡村景观设计可行性分析的核心内容。乡村景观规划设计方案的经济评价首先需要对根据规划设计进行的景观更新的成本和费用进行预算。其次，采用经济分析方法，如投入产出法、费用效益分析法等，对投资回收期和产投比等进行分析。最后，还必须对乡村景观规划更新费用的融资渠道，以及当地政府和居民的承担能力进行分析。综合上述分析结果，提出不同乡村规划设计方案的经济可行性建议。

3．公众参与

由于规划的实施主体是规划区域的民众，如果在规划设计过程中没有当地民众的广泛参与，且规划方案未能获得民众的认同，乡村规划设计方案就失去了整体实施的基础。即使能够实施，其效果也难以理想。同时，从法理上讲，公众对任何公共行为和政策都拥有知情权和发言权。从国际趋势来看，公众参与是任何规划设计中的必要步骤，是规划设计方案获得广大民众支持以及不断修改完善的重要手段。从我国农村的基本状况来看，许多乡村居民的认知能力较为有限，仅仅依靠公布、公示等方式，无法真正实现公众参与的效果。针对这种情况，可以采用国际上通行的农民参与式方法，通过规划设计人员与不同层面农民的交流，提高农民的认知能力和发现问题的能力，以便提出切实可行的规划修改意见，最终实现对优化规划设计的认同。

通过上述三个过程，对多个规划设计方案进行优选并付诸实施。

（六）乡村景观规划实施与调整——规划实施的动态反馈

应根据规划内容确定实施方案，以确保规划得以全面实施。在实施过程中，针对客观情况的变化以及规划实施中出现的新问题，为了保证规划设计的现实性，需要在不破坏原有方案基本原则的前提下，对原规划方案进行适当的修正，以满足客观实际对规划的要求。

■ 三、乡村景观规划设计的方法

乡村景观规划设计是一项集调查、评价、规划决策和工程设计于一体的系统工程，需要多部门、多学科和多时序的共同合作，并采用科学严密的技术流程和先进的分析、评价、决策方法才能快速有效地完成。景观规划设计伴随着景观生态学研究的理论和方法而诞生，而景观生态学的基本研究方法主要依托现代信息技术，如GIS、RS（Remote Sensing，遥感技术）和数据库系统，以及模型技术作为辅助手段，乡村景观规划设计也不例外。

（一）乡村景观规划的基本方法

乡村景观规划设计是一项综合了调查、评价、规划决策和工程设计的系统工程，其基本方法可归纳为以下几类：

1. 乡村景观资源调查、评价与分类制图

（1）乡村景观资源遥感调查。乡村地区的土地覆被类型和空间分布是乡村景观规划设计中的主要基础数据。目前，利用遥感技术获取数据已经成为获取这些数据的重要手段，同时辅以其他信息源。利用遥感手段还可以间接地获取乡村景观要素数据。在乡村景观资源遥感调查中，通常按照乡村景观资源分类、资料准备、建立解译标志、野外校核、遥感制图等步骤进行，解译方法包括人机交互解译和计算机自动解译等。

（2）专业补充调查。在收集土地利用、植被、水文、水文地质、农业、林业、牧业、交通运输等相关资料的基础上，为保证调查的精度和资料的时效性，通常视具体情况进行专业补充调查，并在原有图件的基础上进行更新和建库。

（3）获取相关资料。进行乡村景观规划设计，需要大量的社会、经济、文化和风俗方面的资料，而这些资料往往需要通过调查来获取。通常通过农户调查和访谈等方法获取第一手资料，然后通过系统整理提取有用的数据。

（4）进行相关类型的评价。乡村景观资源评价是乡村景观规划设计的基础。根据规划区域的特点和规划设计的任务，确定乡村景观资源评价的内容和类型。根据乡村景观资源评价的类型及资料的占有情况，设置评价指标，选择评价模型和方法，在计算机的辅助下进行评价，制备单一评价类型的评价图。视情况，按照一定的方法（如评价等级数量转换和设置权重），将多个单一评价类型的评价结果进行叠加，形成乡村景观资源的综合评价图。

（5）建立乡村景观资源调查与评价信息管理系统。为了便于对乡村景观资源调查与评价信息进行有效管理和整合，在地理信息系统和数据库系统的支持下，建立乡村景观资源调查与评价信息管理系统。

2．分析与综合方法

乡村景观规划设计中，相关数据和资料的分析与综合，是通过特定方法对原始数据进行处理，以提取对规划设计直接有用的信息的过程。分析和综合的方法包括定性、定量和动态分析。乡村景观规划的分析和综合方法有：空间统计学方法、系统动力学方法、因果分析方法、聚类分析、因子分析、主成分分析、预测方法、模糊综合评判及逻辑推理等。

空间统计学方法包括空间自相关分析、半变异函数分析、趋势面分析等。由于乡村景观规划设计涉及景观格局演变分析，空间统计学方法已经成为景观动态格局变化和过程分析中的一种主导方法。

系统动力学和因果分析方法在定性和定量分析景观资源系统及社会经济系统中的各子系统和要素之间的关系与过程方面具有重要价值，这有助于系统的辨析和主导问题的发现。同时，聚类分析、因子分析和主成分分析可以定量分析区域系统演变的主导因素。

预测方法在分析规划区域的人口、土地生产能力、社会经济发展前景以及土地覆被动态变化情景中具有重要价值。按照阿姆斯特朗的分类，预测方法包括分解法、外推法、专家预测、模拟仿真和组合预测等。特别值得一提的是，马尔可夫链预测方法已经在景观动态预测中得到了广泛应用。

3．规划决策目标的制订

规划设计是为了实现既定目标。规划决策目标在整个规划设计中具有重要作用：一是标准作用，规划设计的优劣以规划决策目标是否实现作为衡量标准。二是导航作用，明确目标对于规划设计技术路线的制定具有指导作用。

因此，切合实际地确定规划决策目标是规划设计成败的关键。第一，应依据实际情况确定规划决策目标，并需要进行多方面的论证和数理分析。第二，规划决策目标要明确，避免歧义，尽可能实现规划决策目标的量化。第三，要从整体上把握规划决策目标。

4. 建立辅助决策的数学模型

在乡村景观规划设计中，针对规划目标、类型和相关内容，建立辅助决策的数学模型是非常重要的。目前，常用的辅助决策数学模型包括空间分配模型、优化模型、网络模型和决策模型等。

5. 制订、评估和优选可供选择的规划设计方案

乡村景观规划设计是一种多目标的规划设计。根据各个目标的重要性和优先实现程度，制定规划设计流程和方案。在此基础上，通过公众参与、专家咨询、经济评价和环境影响评价等过程，采用淘汰法、排序法或归纳法进行评估和优选，以供决策者参考。

（二）3S 技术在乡村景观规划中的应用

RS、GIS、GPS（Global Positioning System，全球定位系统）是景观科学研究的重要技术工具，尤其是在大尺度的景观空间上。景观研究所需的许多数据往往是通过 RS 获取的。在收集、存储、提取、转换、显示和分析大量空间数据时，GIS 作为一种极为有效的计算机工具，常常是不可或缺的。景观中的组分和过程的具体地理位置是空间数据的重要内容，但往往不容易精确且快速地测定。GPS 有效地解决了这个问题。随着 RS、GIS、GPS 的迅速发展，它们在景观格局分析与建模、乡村景观规划中的作用也越来越重要。

1. RS

（1）遥感技术与其他传统获取地面信息的手段相比，具有以下几个明显的优势：①航空摄影和遥感技术是目前获取多尺度，尤其是大尺度景观资源信息的主要手段。②遥感技术是及时获取景观格局动态的有效监测手段。③多光谱、多空间分辨率的遥感数据可以有效地为景观科学研究提供所必需的多尺度资料。④遥感数据通常是空间数据，即所测信息与地理位置相对应，是研究景观结构、功能和动态所必需的数据形式。

此外，现代遥感技术直接提供了数字化空间信息，从而大大促进了景观生态学资料的收集、存储、处理和分析，并使遥感、地理信息系统与计算机模型的紧密结合成为必然。

（2）遥感技术的应用。在景观研究与景观规划中的应用主要包括以下三个方面：①植被、土地利用和景观资源的分类，以及景观分类制图。②景观特征的定量化分析，包括不同尺度斑块的空间格局；植被的结构特征、生境特征及生物量；干扰的范围、严重程度及频率；生态系统中生理过程的特征。③景观动态及生态系统管理方面的研究，包括土地覆盖在空间和时间上的变化、植被动态（包括群落演变）、景观对人为和自然干扰的响应等。

2．GIS

GIS 是一种用于收集、存储、提取、转换和显示空间数据的计算机工具，是研究景观空间结构与动态以及进行景观规划的极为有效的工具。

GIS 在景观生态学中的应用非常广泛。它的用途主要包括以下几个方面：分析景观空间及其变化；确定不同生境和生物学特征在空间上的相关性；确定斑块的大小、形状、毗邻性和连接度；分析景观中能量、物质和生物流的方向和通量；生成景观变量的图像输出，并结合模拟模型进行使用。具体包括以下几个方面：①将零散的数据和图像资料综合存储，便于长期有效利用。②通过计算机高效率地将各类地图（空间资料）与相关图中内容的文字和数字记录联系在一起，使这两种形式的资料融为一体。③为长期存储和更新空间资料及其相关信息提供有效工具。④为空间格局分析和空间模型提供一个强大且易于操作的技术框架。⑤提高某些景观资料的质量，显著提升资料的存取速度和分析能力，从而促进 GIS 在景观规划和资源管理等方面的实际应用。

3．GPS

地理位置或地理坐标通常是空间信息中必备的重要信息。在大尺度的景观空间上，使用罗盘或地标来确定景观单元的具体地理坐标往往是困难的。GPS 为解决这一难题提供了一种精确而可靠的方法。

GPS 是利用地球上空的 24 颗通信卫星和地面上的接收系统组成的全球范围定位系统。在地球表面的任何位置，通过接收卫星信号的地面装置，即 GPS 接收器，随时可以接收到 24 颗卫星中的 4～12 颗卫星发出的信号。全球定位系统由一系列专用卫星组成，这些卫星不断绕地球运转并向地面发送具体的空间位置信息。根据这些信息和三角测量原理，可以计算出地表任何一个地点的地理坐标。通常，至少需要获取 3 颗卫星的信号才能确定地表某一位置的地理坐标。利用 GPS 技术测定景观中某一位置的精确度依赖于 GPS 接收器的精度，但一般来说，其精度可以达到 1 米以内。GPS 技术对景观研究具有重要的推动作用。例如，GPS 已被用于监测动物活动轨迹、生境图、植被图及其他资源图的制作，航空照片和卫星遥感图像的定位和地面校正，以及环境监测等方面。

毋庸置疑，RS、GIS 和 GPS 为景观研究提供了一系列极为有效的研究工具。在流域和区域景观研究及规划中，3S 技术已成为资料收集、存储、处理和分析中不可或缺的手段。因此，这些技术，特别是地理信息系统和遥感技术，在很大程度上改变了景观生态研究的方法，已成为景观研究的重要工具之一。

（三）大数据在乡村景观规划基础场地数据挖掘中的应用

从上文中的讲述我们得知，乡村景观规划不仅包括区域内的自然资源数据，还包括人文资源数据和资源管理数据等场地属性数据。这种多源的数据集合具有大数据的海量异构数据特征，即体量（Volume）与多样性（Variety）特征。同时，随着互联网、GIS、GPS、POI（Points of Interest）、LBS（Location Based Services，LBS）技术在景观规划中的广泛应用，使得对场地内多元数据的动态监测更加具体和准确，公众广泛参与规划设计成为可能，公众的诉求得以实现，并使其具备大数据的速度（Velocity）和价值（Value）特征。

乡村景观是乡村地域范围内的空间表征，具体表现了地方社会结构与自然资源、地理环境、产业资源等因素。其自身因涉及多样性和复杂性的利益群体，导致了乡村景观规划工作在数据需求与获取方面具有大数据的特征。乡村的农业产业资源特征和自然地理区位是乡村景观规划设计的重要条件，这需要大量的自然地理资源数据。而对地理信息数据和自然资源数据的深入调查，进一步增加了数据内容的复杂性。

乡村朴素的历史文化内涵形成了独特的社会人文特征和各具特色的地域人文信息，这些都是乡村景观规划需要挖掘的资源。例如，历史故事、民间传说等信息资源需要通过深入调研和访谈获取；传统民居建筑等则需要进行现场测绘和记录。这些资源的获取使得乡村景观规划的数据内容更加多样化，体现了乡村景观规划在数据来源、内容形式与获取途径上的多样性。表 2-2 展示了大数据在乡村景观规划基础场地数据挖掘中的应用。

表 2-2　乡村景观基础场地大数据挖掘分类与实现表

分类	大类	小类	技术手段
自然环境数据	基础空间数据	地理条件与景观格局	GIS、RS、3D 模型
	环境资源数据	水文、气候、土壤、植被、原生程度、景观风貌	GIS、RS、调研
	产业资源数据	产业资源条件和地域特色	调研
社会人文数据	社会经济数据	社区数据和人口数据	互联网调研
	人文资源数据	历史、文化、风土民情、村落风貌、民居	调研、访谈
	场地设施数据	生产设施、生活设施、交通设施、游憩设施、其他设施	调研、POI
	活动行为数据	行为习惯、尺度空间、活动类型、交流行为	GPS、LBS、调研
	公众参与数据	居民诉求	互联网、调研

第三章　乡村振兴背景下乡村聚落景观规划设计与应用

第一节　乡村聚落景观的基本理论

一、聚落与乡村聚落的定义

（一）聚落的定义

聚落（Settlement），按照中文造字法，"聚"是三个人向某处汇集，而在汉字中，三个"人"组成"众"，表示"许多人"的意思，即"许多人的聚集"，描述了一个动态过程。"落"的本义是"树叶降落"，同样表述了一个动态过程，进一步引申为"落点"与"着落"之意，具有地域方位的指示性。《汉书·沟洫志》记载："或久无害，稍筑室宅，遂成聚落。"这说明聚落具有动态性，是人类在某个时期、某个地点的文明产物，可能强盛，也可能衰落，甚至可能消失或迁移。

聚，即聚居，是一个社会性概念，有居必有聚，无聚不成居；落，即居落，是一个环境性概念，有居必有落，无居不成落。聚居是人类居住的基本模式，是在人类生活过程中形成的居住形态。而聚落主要是指人类聚居的地方。《辞海》对聚落的解释是"村落，人聚居的地方"。景观生态学认为，聚落是人口活动的文化景观所存在的人文环境，而历史学则认为聚落是相对稳定的史前人居单位。本书主要从人类聚居学的角度进行论述，认为聚落是人类聚居的场所，这种场所包括各种形式的聚居地，主要由自然要素、物质要素及非物质文化要素组成的综合体。这些要素不仅能为人类提供生产场所和精神支持，还能提供各种生活功能。从聚居学的角度来看，聚落是一个场所，但也是一个过程，因为聚落会随着各种要素的变化而变迁，体现出人与自然以及社会制度的辩证关系。乡村聚落是指以从事农业生产为主的人们的聚居空间环境，不仅包括可见的自然要素与物质要素，还包括非物质文化要素。

（二）乡村聚落的概念

从广义上讲，无论是一个城市还是一个自然村，都可以称之为聚落，所以通常将乡村形态的聚落称为乡村聚落，以区别于城市形态的聚落。在人类聚居学中，人类聚居被划分为乡村型聚居和城市型聚居。乡村型聚居应具有以下特征：

（1）居民的生活依赖于自然界，通常从事种植、养殖或采伐等行业。

（2）聚居规模较小，并且具有封闭性。

（3）通常情况下，乡村聚落没有经过规划，而是自然生长和发展的。

（4）通常是一个最简单、最基本的社区。

从区域上来讲，乡村聚落景观是由分散的农舍到提供生产和生活服务功能的集镇所代表的地区。这里的土地利用以粗放型为特征，人口密度较小，具有明显的田园特征。乡村景观在地域范围上是面积最大的一种景观类型，其包含的要素较为复杂，且受到人为因素的干扰较强。因此，乡村聚落景观是人类在自然景观基础上建立的，结合自然生态结构与人为干扰特征的综合体。乡村聚落景观与城市景观的界定在于二者的行政区划差异。城市景观由一个系统的人居生态构成，而乡村聚落景观则由若干独立而分散的村落系统组成。每个村庄通常能够独立完成整个生活与生产系统，包括生活必需的水源、建筑居所、地形、气候、农业或提供生活必需物质生产的产业、植物等自然要素。乡村聚落景观充分体现了人类对自然的依赖，如因适应地域土壤、气候、水源而产生的农业景观，取材于本地的建筑形式，以及人在本地环境中体现出来的经济水平，由此形成的传统文化和风俗习惯等无形的非物质要素。当然，自然景观与城市景观、乡村聚落景观在某些区域是模糊的，存在一定的交叉点，如图 3-1 所示。这样界定的目的是在选择乡村地域时尽量去除模糊区域。

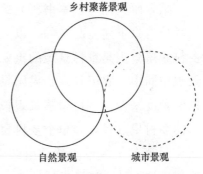

图 3-1　景观分类的交叉与模糊点

■ 二、乡村聚落景观的相关理论

（一）乡村聚落景观的定义

乡村聚落景观目前尚无统一的定义。乡村聚落景观是在乡村地区具有相同自然地理基础的区域，其利用程度和发展过程相似，形态结构及功能相似或相辅相成，各组成要素相互联系、协调统一的复合体。从景观生态学的角度来看，乡村聚落景观是由乡村地域范围内不同土地单元镶嵌而成的。从环境资源学的角度来看，乡村景观是可开发利用的综合资源，具备效用、功能、美学、娱乐和生态五大价值属性的景观综合体。乡村聚落景观是人类文化与自然环境高度融合的景观综合体，是乡村景观的重要组成部分，不仅具有自然属性，还承载着大量的人文内容。

从地域范围来看，乡村聚落景观泛指乡村、郊区、野生地域等城市景观以外的景观空间。从景观构成上来看，主要由自然景观、聚落景观、产业景观、民俗景观、文化景观等构成。乡村聚落景观与城市聚落景观相比，存在民族性、地方性和传统性的差异，主要表现为自然属性强、受干扰度低、土地利用粗放、人口密度小、以农业景观为主以及田园般生活方式等特点。乡村聚落景观不仅具有生产、经济和生态价值，而且具有娱乐、休闲和文化等多重价值。乡村景观的发展演变展现在乡村聚落景观上。传统的乡村聚落景观主要由物质和精神两个层面构成。所谓物质层面，主要包括乡土建筑、田园山水、聚落形态等；精神层面则主要包括民俗文化、乡村生活方式等，两者的有机结合构成了优美的传统乡村聚落空间环境景观。

结合研究内容，本书研究的乡村聚落景观主要是以农业为基础，并在自然环境背景下建立起来的，以人为核心的自然、经济、社会复合生态系统。乡村聚落景观是乡村景观的重要组成部分，大小不一的聚落景观分布在乡村景观空间中，农田景观、果园景观和自然环境环绕着乡村聚落景观。从系统论的角度来看，乡村聚落景观包括区域乡村聚落景观、中心乡村区域景观、群体乡村聚落景观和单个乡村聚落景观。如果将每个层次视为一个系统，那么乡村聚落景观系统就是由四个体系组成的景观大系统，每个系统又由自然、经济、社会等子系统所构成。聚落景观既受到自然环境的影响，也受到当地人类活动和经营策略的影响。同时，乡村聚落景观具有地域性、识别性、民族性和传统性等特征。

（二）乡村聚落景观演变的驱动力

乡村聚落景观在历史长河中，随着自然环境的变化、经济社会的发展，以及风俗民情的变迁而不断演变。村落经历了从分散到集中、集中到扩大的过程，并出现了"庄、屯、村"等形式。有些小村落则被废弃或消失，乡村聚落演变的主要驱动力包括城市化和工业化、时代的变迁及政策变化等因素。

1. 乡村城市化和工业化

乡村是城市的发源地。在城市化和工业化的浪潮中，乡村不可避免地受到影响。安托洛普（Marc Antrop）在《欧洲的景观变化和城市化进程》一书中提出，城市化背景下形成的村镇网络是乡村景观演变的重要因素。交通和信息的便利使得乡村人口更加集中，房屋的面貌发生变化，现代生活方式取代了传统生活方式，改变了乡村固有的聚落格局。首先是城市的近郊，其次是偏远的山区。乡村聚落景观的变迁因与城市的距离和地域差异而呈现不同的变化。乡村工业化趋势导致人口居住更加集中，新村落规模扩大，但与此同时，成千上万的小村落被废弃并逐渐消失，造成了乡村聚落结构的根本改变。

2. 政策变化

早期中国聚落的变迁主要受到自然因素、农耕经济模式和宗法体制的影响，随后受到乡村土地改革等政治因素的影响，变得复杂多样，聚落内家族聚居的情况较多。改革开放以来，我国实行家庭联产承包责任制，发布三农政策，推行农村劳动力就地转移政策，乡镇企业迅速发展，沿海发达地区的乡村小城镇也迅速发展，聚落结构发生了改变。原先以农业耕种为主的乡村，在政策和工业化的推动下，乡村聚落的景观趋于城市化，传统乡村与自然的融合感逐渐消失。2005 年，国家提出按照"生产发展、生活宽裕、乡风文明、村容整洁、管理民主"，推进美丽乡村建设。2013 年，国家进一步提出推进农村生态文明建设，加大对农村基础设施的投入，改进农村公共服务体制，加强农村生态环境的综合治理，发展乡村旅游和休闲农业，努力建设美丽乡村。党的十九大报告中明确指出："要坚持农业农村优先发展，按照产业兴旺、生态宜居、乡风文明、治理有效、生活富裕的总要求，建立健全城乡融合发展体制机制和政策体系，加快推进农业农村现代化。"党的二十大进一步提出"建设宜居宜业和美乡村"。这些政策的提出为乡村聚落景观规划设计带来了新的机遇和挑战，许多村落焕然一新。然而，乡村规划中也出现了"千村一面"的现象，表现出规划的盲目性和无序性，许多乡村的规划不切实际，整体上缺乏乡村特有的风貌，自然生态系统也遭到破坏。随着我国"城乡一体化"的推进及农业现代化的发展，大量农村人口迁往城镇或转变为城镇人口，土地承包和流转制度导致了耕地关系的变化，乡村聚落格局也在不断发生变化。

（三）乡村聚落景观的生态研究

受工业革命的影响，乡村自然资源被掠夺式开发，导致乡村生态环境遭到严重破坏，引起了社会公众的广泛关注。因此，改变乡村自然资源的开发方式、保护乡村自然环境、提升乡村聚落景观的价值成为社会公众的热切愿望。乡村聚落景观研究主要侧重于"生态村"方面，不同学者对"生态村"有不同的见解。丹麦学者吉尔曼（Gilman）最早提出"生态村"的概念，认为生态村是一个以人为尺度的综合性聚落。在聚落内，人类的活动不破坏自然环境，并能融入自然环境，支持健康的人文发展且能持续发展到未知的未来。日本学者竹内（Takeuchi）认为，生态村是一个自我支持的区域，在这个区域中，人类通过生态技术的支持，能够在保持经济系统的同时很好地保护自然、半自然的环境系统。澳大利亚生态学家比尔·莫里森（Bill Mollison）提出"永恒文化村"，其目的也是建立一个生态型人居环境，在这个环境中，人类、生物资源、气候环境能高效融合、稳定发展。这些生态村的提出是对理想生活的追求，更是为了乡村聚落景观的可持续发展。

我国早期对聚落生态的研究主要体现在乡村聚落的选址和建筑布局等方面，体现了"天人合一"的理念。乡村聚落的选址首先是对自然环境的适应，因地制宜，强调与自然环境的和谐融合，展现了生态适应性。选址的原则基本上是背阴面阳，背山面水。乡村背后是山，前面是水流，乡村位于山脚下，周围农田环绕，建筑坐北朝南。刘沛林认为，中国传统乡村聚落直接将山水田园融入聚落景观空间，随势建屋，开渠引水，巧妙开辟农田，其规划思想具体体现在以下几个方面：原始聚落功能分区明显；村落形态和空间布局普遍受到宗族礼制、宗教信仰、防御意识、诗画境界等人文理念的影响；强调人与环境的和谐统一。聚落景观就是"天人合一"的景观布局。

近代以来，我国对乡村聚落景观的生态研究首先体现在"农村庭院生态系统"上。20世纪80年代，云正明先生提出了"乡村庭院生态系统"的概念：该系统以庭院为基础，由庭院内的各种生物（包括人类、家畜、家禽、人工栽培植物和其他伴生生物）和环境要素构成的人工生态系统。在农村庭院生态系统的基础上，王智平提出了"村落生态系统"的概念，即以农村人群为核心，伴生生物为主要生物群落，建筑设施为重要栖息环境的人工生态系统。与农村庭院生态系统相比，村落生态系统主要研究农村居住地与外部自然地理环境的生态关系。从系统论的角度来看，村落生态系统是由村落内所有庭院生态系统共同构成的生态系统。"区域聚落景观生态系统"除包括农村庭院生态系统和村落生态系统外，还涵盖农田生态系统和部分自然生态系统（包括村落附近的森林生态系统、草地生态系统及水生生态系统等）。自20世纪90年代初，我国在全国范围内开始建立生态农业示范点，根据不同乡村的特征，形成了各具特色的生态农业示范村。在一个自然村内充分利用当地自然资源，在建筑形式、空间布局、生产生活方式上形成地域文化特色，促进内部的可持续发展，形成一种人与自然环境和谐相处的"天人合一"生态人居环境。

（四）乡村聚落景观规划设计研究

乡村景观规划主要应用景观生态学原理，对土地利用方式和乡村景观要素进行规划和设计，以实现乡村聚落景观与自然环境的协调和可持续发展。其核心在于乡村土地的规划以及对乡村聚落自然生态环境的设计。

"二战"以后，乡村和城市需要得到迅速恢复和发展，乡村规划和设计更是受到各国学者和专家的关注，景观生态学的研究方法被应用到乡村规划设计中。欧美一些国家对乡村景观规划的研究始于20世纪五六十年代，经历了从原先以野外景观调查、景观绘图、景观设计等描述性调查为主的设计方法，到借助GIS、GPS等计算机技术为主的定量分析方法的转变。这一转变促进了乡村景观研究从定性分析向定量分析的进步，使景观规划设计更加科学和准确。捷克斯洛伐克的景观生态学家鲁日奇卡和米克洛斯提出了用于区域规划与优化的景观生态规划理论与方法体系（LANDEP）；德国的哈勃等人建立了以GIS与景观生态学应用研究为基础的DLU策略系统；美国的福曼提出了将生态价值和文化背景相结合的景观空间规划模式；国际土地多种利用研究组提出了"空间概念"和"生态网络系统"，用于描述多目标乡村土地利用规划与景观生态设计的新思想和方法论。韩国和日本在乡村景观规划设计上也取得了实质性的进展。韩国通过对传统乡村聚落及其周围的梯田、果园、草地进行规划，促进了韩国乡村旅游业的发展。日本的津嶋正奥（Masao Tsuji）认为，乡村景观规划应协调土地资源利用过程中的公共资源和私有资源。在市场经济条件下，公共资源的优化容易被忽视，因此需要限制并优化各种私有资源，以实现乡村景观公共资源的优化。

我国的乡村景观规划主要包括传统乡村聚落景观设计、古村落保护、乡村生态脆弱地区（如黄土高原、西北农牧交错带以及土石丘陵山区等）和城乡交错带的研究，以及现代乡村景观规划设计。彭一刚在《传统村镇聚落景观分析》一书中指出，气候条件、地理区位、经济条件和风俗习惯是导致各地区乡村聚落景观差异的原因。他主要从乡村聚落景观要素入手，从建筑、古寺、古井、水口、鼓楼、街道、绿化等方面介绍不同地域的聚落景观。刘沛林在《古村落：和谐的人聚空间》一书中，探讨了中国传统生态思想与风景、园林、建筑及设计的关系，对现代乡村景观规划设计具有一定的启示作用。梁雪在《传统村镇实体环境设计》一书中，从村镇形成因素、乡村绿化环境构成、道路系统组成和建筑布局等方面对村镇的整体形态进行了详细研究。肖笃宁在总结乡村生态建设的基础上，提出了"湿地基塘体系景观模式""沙地田、草、林""平原农田区防护林网络体系景观模式""南方丘陵区多水塘系统景观模式"等几种景观生态建设模式。刘黎明通过分析北京西北近郊白家村的景观现状和景观动态变化特征，对白家村的乡村景观进行了规划设计。刘滨谊在《现代景观规划设计》一书中，以"设计结合自然"的理念为先导，应用区域景观规划等理论，并以大地景观等现代思想为基础，对欧美现代乡村景观园林进行了研究。刘黎明提出，乡村景观规划主要是运用景观生态学的原理，对乡村土地和土壤利用中产生的景观物质构成要素进行整体规划和设计，为人们创造一种资源高效利用、生活健康舒适、环境优美的可持续发展模式。提出了三种景观规划方法：保护环境敏感区的方法、完善景观结构的方法、生态工程方法。[①]谢花林等人认为，可以通过保护乡村生态环境敏感区、完善景观结构、建设生态工程以及创造和谐人工景观——景观风貌设计这四种方法，对乡村景观进行规划设计。王云才通过景观定量评价和景观适宜性分析，以北京市郊区为例，探讨了城市郊区乡村游憩旅游景观区的规划设计。冯文兰、黄成敏等人应用"斑块—廊道—基质"景观生态学原理，对城乡交错带的景观生态建设和设计进行了初步探讨。秦嘉远等人通过对乡村溪流景观的分析，提出了乡村溪流生态景观设计方法。赵辉等人从宏观和区域的角度，对乡村旅游景观资源进行了详细

---

① 刘黎明. 乡村景观规划 [M]. 北京：中国农业大学出版社，2022.

设计。

第二节 乡村聚落景观规划设计的原则与方法

一、乡村聚落景观规划设计的原则

（一）聚落景观构建原则

乡村聚落景观由一系列生态系统组成，是自然与人文系统的综合载体。自然资源和生态环境是乡村聚落赖以生存的基础物质条件，因此在乡村景观规划设计中，应妥善处理乡村景观结构与自然生态环境的关系，充分发掘乡土资源的优势和潜力。以提高土地综合利用效益、提升生态人居环境、促进人与自然和谐发展为原则，进行乡村聚落景观规划设计。

在进行乡村聚落景观规划设计时，要坚持整体性与多样性原则，将景观看作一个整体，确保规划设计中整体景观环境与自然环境、居民生活、社会发展、生物多样性等方面的协调统一。同时，整个景观形态应体现出多样性，各个景观单元应有其独特的结构和特点，但组合在一起时应形成一个既具有多样性又具备整体性的和谐景观。

（二）文化风俗传承原则

地域景观特色和乡土民俗是地域文化的集中体现，是生产和生活方式在精神层面的高度概括，必须加以挖掘和传承。因此，在乡村景观规划设计中，应大力弘扬本土文化，尊重地域文化特色，并将其贯彻落实到聚落选址、景观布局、场所设计、建筑风格及功能需求中，强调土著居民体验感受与历史文化延续的高度融合。

坚持文化民俗传承性的原则，是对乡村聚落个性和居民生活方式的人性化表达。在乡村聚落景观规划设计中，应充分利用当地传统的地域特色资源，保护地域文化，丰富当地群众的物质和精神文化生活，营造精神家园。同时，不应随意借鉴和复制，也不应标新立异，只有传承才能有效体现地域性。在社会高速发展和各地域文化相互交流融合的今天，地域特色显得尤为重要。它是区分不同地域的最佳方法，地域文化的地区差异性和多样性能够使新乡村聚落景观具有更多的价值，同时也能增加对外来游客的吸引力。

（三）现实性与动态性原则

在生活空间整治方面，要强调有机更新和动态建设的原则。在建筑学领域，吴良镛教授在《北京旧城与菊儿胡同》一书中指出，规划设计应倡导新陈代谢式的"有机更新"，要求遵循城市内在的发展规律，顺应城市的肌理，采取适当的规模和合理的尺度，妥善处理更新与发展的关系，探索城市的更新与发展。动态建设是将规划视为一个动态演变和应对的过程，突出可持续发展的理念，强调规划对未来发展的适应性，实现规划内容与未来发展的高度协调，通过规划有效地引导对象健康、有序地发展。

在乡村景观规划设计中，应重视现实性原则，倡导经济、实用、美观的设计理念。在材料的选择上，应优先考虑经济、自然、朴素和实用的材料，而不是一味地追求虚荣和使用浮华的材料。虽然这些材料表面上可能显得富丽堂皇，但与乡村聚落的整体风格格格不入，并没有美感。因此，在塑造乡村聚落景观时，应立足于现有条件，就地取材，选择与当地环境相协调的材料，既经济实惠，又能突出地域特色，同时与周围环境相融合，提升整个景观的美感。

■ 二、乡村聚落景观规划设计的内容

（一）乡村聚落的整体景观格局

随着经济的发展，传统聚落已无法适应现代生活的需求，面临着更新改建的机遇和挑战。乡村聚落景观的空间布局包含点、线、面三个空间要素。所谓点，即节点，是乡村聚落景观布局中较为灵活的空间要素，通常表现为道路交叉点、古树、文物古迹等。所谓线，是指呈线形或带状分布的景观，是乡村聚落景观布局的空间骨架，起到串联景观节点的作用，通常表现为交通网络、河流、小溪、景观林带等。所谓面，是乡村聚落中占地面积最大的景观，通常表现为集中布局的乡村民居、公共绿地和广场等。

在规划乡村聚落景观时，不能一味地追求标新立异，也不能完全拘泥于传统，而应在保留原有聚落核心特征的基础上，寻求新的突破和发展。德国在这方面有着许多成功的经验，他们在更新景观规划中非常注重历史文化景观的特性，将传统、现实与未来进行了有机结合，具体表现在以下三个方面：一是聚落发展与传统土地分配方式相统一，二是将现有建筑与新功能的改建相统一，三是生态环境的修复与未来的建设发展相统一。

因此，未来乡村聚落景观的整体布局要注重以下几个结合：一是自然条件与人类活动相结合，倡导"天人合一"的景观规划理念。二是历史延续与现代发展相结合，强调历史文化和现代理念的高度融合，展现民俗传统在新时代的新内涵。三是生态环境与经济发展相结合，在推动乡村经济产业发展的同时，创造和谐宜人的人居环境。四是总体规划与细部刻画相结合，在改善景观整体风貌和质量的同时，突出细部节点的刻画，增强景观的可识别性。五是物质需求与精神需求相结合，在完善基本生活、生产等基础设施的前提下，着重促进社区、休闲、娱乐等功能的完善。六是政府推动与乡民参与相结合，乡村聚落景观规划旨在增强乡村居民对本土文化的认同感和归属感。在政府积极推动规划建设进程中，村民参与度越高，对规划结果的认同度和满意度就越高，乡村聚落的发展也就越好。

（二）乡村建筑

乡村建筑是乡村聚落景观体系中的核心内容，是适应地域自然环境要求的"地缘性"景观。丰富多彩的乡土建筑无不集中体现了当地的自然、历史和文化。从古至今，乡村建筑的发展往往以个人需求为主要驱动力，缺乏对聚落整体规划和长期发展的指导，因此始终面临更新与保护的问题。

1. 乡村建筑的保护

乡土建筑是中华民族文明的缩影，是地域历史文化传承的重要载体，体现了当地居民与自然的和谐统一。保护乡土建筑就是要保留文化的底蕴，保留历史的见证。因此，在规划中切忌"重开发、轻保护"，要理解保护与发展是相辅相成的关系。

2. 乡村建筑的新建

新建乡村建筑应是现代科技与地域文化高度融合的产物。在规划中，应充分尊重乡村的自然机理和乡村居民的意愿。在强调传承文化的同时，应突出人居环境和可持续发展理念，体现节能、环保技术，建设生活、生产、服务功能完善，并因地制宜、独具特色的新型乡村建筑。

3. 乡村建筑的改造

对乡村建筑的改建应着重从特色、功能和安全等方面进行。在整体风貌改建上，要注意保留乡土景观特色，体现地域民俗文化元素，突出建筑体型改造、色彩选择、装饰搭配和材料质感等方面的地域特征；在功能上，着重考虑乡村居民的生活和生产需求，注重节能和环保等功能特性；在安全上，全面评估建筑结构的稳定性，并在改建中着重提高结构的耐久度。

4. 乡村建筑的拆除

规划中，对于那些在结构、功能、特色等方面无法通过改建达到未来发展需求的建筑，应予以拆除，以减少空置建筑的数量，节约土地资源。

目前，随着城镇化进程的加快，乡村聚落环境和乡村建筑受到伪城镇化理念的冲击，完全背离了乡土地域文化的要求，盲目追求现代、时尚的新建筑层出不穷。因此，我们需要认真总结国内外乡村聚落景观改造与更新的经验教训，结合新时代的发展要求，切实推进乡村建筑的更新与保护。

（三）活动场所

哈贝马斯认为，社会中的人类行为包括沟通和决策两种类型，而沟通是人们的主要行为动机之一。乡村聚落中的活动场所是农民进行生产生活、参与乡村文化建设的重要载体，也是村民进行沟通交流的常见聚集地。通常情况下，乡村居民的活动可以分为必需性活动和自由性活动。有不同需求的活动需要具有不同功能和形态的场所。

1. 必需性活动场所

必需性活动是指由于生产、生活和人类的基本生理需求而开展的相关活动，是乡村活动中参与人数最多、出现频率最高且最为稳定的活动。主要包括晒谷场等生产劳动场所，以及宗祠、庙宇等祭祀活动场所，还有商店、超市、菜市场、集市等商业活动场所。在布局设计上，注重功能分区，要求形象简洁明快、内容丰富，营造生产与生活相得益彰的乡村景观效果。生产劳动场所要紧扣生产主题，强调面积、尺寸和交通联系；祭祀活动围绕祠堂、庙宇等场所，紧密结合建筑前置场地的布局；商业场所以商品销售为目的，分散布局，依托乡村交通网络串联常规经营模式与集市方式。

2. 自由性活动场所

自由性活动更多地具有选择性和自发性的特点，主要包括戏台前、广场周围、文体活动室等公共活动场所，以及古树旁、小溪畔、村口等交流聊天场所。自由性活动场所是乡村聚落信息制造和传递的关键点，是乡村居民交流沟通的纽带。活动场所会随着人群年龄阶段和选择活动的不同而变化。在规划中，应加强篮球场、乒乓球台、健身房等体育活动设施，广播室、会议室等信息传播设施，图书室、公共绿地、石桌石凳等休闲娱乐设施，以及戏台前置场地规模等节庆设施的建设。

3．景观细节

在活动场所的布局中，应强调自然、历史与现代理念的融合，加强聚落与亭台轩榭、河流湖泊等关键节点的联系，突出乡土文化、传统工艺、民族特色等重要元素的展示，注重保护原有生活和生产方式所遗留的历史痕迹，完善儿童游乐场所的建设，重点刻画入口（如村口）、公园、广场等标志性景观。

（四）乡村聚落绿化

乡村聚落绿化是乡村聚落景观的有效补偿形式。传统乡村绿化主要体现人与自然的和谐统一，但由于缺乏科学长远的规划指导，乡村绿化往往处于放任自流的状态，绿化覆盖率较低，品质较差，效果不甚理想。新时代乡村聚落绿化被赋予了生态环保、产业发展、民俗风情等多重内涵，肩负着营造宜人生态环境的重任。未来的发展要求以改善乡村人居环境为出发点，以增加农民收入、构建和谐社会为落脚点，在尊重生态、改善环境的基础上，促进人与自然的和谐发展，实现乡村绿化的可持续发展。首先，应节约用地，提高绿化率。乡村聚落绿化需要从整体上进行布局，充分利用现有土地，集约化开垦和种植，切实提高绿化效果。其次，应遵循地域环境，选择适合当地生长的树种，展现地域特色。再次，应结合地方产业，倡导以经营果林、苗圃为主体的绿化生产方式，在改善生态环境的同时，提高居民收入水平。最后，应结合人文景观特色，建立以突出人文景观特色为核心的绿化模式。

三、乡村聚落景观规划设计的方法

（一）乡村景观聚落规划设计使用的方法

1．保护性规划设计的方法

乡村聚落景观的保护性规划设计强调对乡村聚落千年传承下来的景观进行保护。乡村聚落景观是一个地域性的概念，包含自然景观和人文景观，主要内容包括地形地貌、水源水体、生物资源以及当地的历史和文化传统等。我国的乡村聚落大多位于自然生态环境较好的地区，保护好当地特有的自然环境，才能发挥乡村聚落自然景观的地域优势。无论是一棵古老的树，还是一大片森林和湿地，都可以作为地域特色而被传扬，利用其天然魅力吸引人们。

人类的生活始终离不开对物质和精神的需求。农村的地域性特征是这片土地上的人们经过历史演变，不断适应自然并积累下来的综合性自然文化。因此，乡村聚落景观的保护性规划是美丽乡村景观规划设计建设的起点。乡村聚落景观保护性规划设计的重点主要在于保护乡村聚落景观的传统形态、原有的生态环境，以及传统的当地民居、建筑与景观构筑物等。

完整的聚落形态保护性规划设计旨在保存和重现乡村聚落所处的地形地貌和生活环境。对于一些居民已经迁出的乡村聚落，如果这些聚落对生态环境影响较大，应当保留其绿地、林地等景观生态环境，并在此基础上对其他区域进行改造或拆除。乡村聚落景观中最能体现地方文化的，通常集中在民居建筑的装饰和造型上。因此，对于具有较长历史且形态结构完整的传统民居，应进行保护而非拆除。对于历史悠久的建筑，应采用"修旧如旧"的设计方法。同时，对于能够满足人们精神文化需求而修建的书院、寺庙、祠堂等建筑，也应尽力保护。通过乡村聚落景观的保护性规划，建设后的新乡村聚落景观能够展现地域景观的特色，保持差异性而不被同化。

2. 改造性规划设计的方法

乡村聚落景观改造规划的目的是传承当地的自然和文化特色，使其成为具有传统特色的新乡村聚落景观。改造规划不是随意或盲目进行的，而是在对整个乡村聚落进行全面调研后，对实际情况进行分析，找出地方景观文化的传统元素，进而进行有目的、有计划和系统性的改造设计。改造后的新聚落景观能够适应当地人的生产生活环境，并与农村特有的自然环境相协调。

在对乡村聚落景观进行改造性规划设计时，需实现乡村聚落景观中文化脉络的延续。此外，还需明确农村居民对住宅建筑空间的需求，结合新的生活方式和农业生产方式，正确引入设计理念，从而形成对乡村聚落景观的合理化设计。改造性规划设计的重点在于建筑布局与建筑设计、院落景观的改造、道路景观的改造，以及划分出公共建筑用地与广场用地等，并对原有绿化区域进行整合，完善基础设施。

整体规划改造的原则是以保护性规划为前提，改造聚落中功能布局不合理的地方。在建筑布局和设计中，新建筑必须与老建筑和谐共存，整体建筑群的风格需与原有建筑群一致。在使用现代材料进行建筑设计时，必须以保持原有风貌为标准，使新建筑能够有机地融入美丽乡村的建筑群中，与原有建筑相融合。同时，新建筑的布局和开放空间的控制也应与原有聚落相一致、相衔接。

院落景观改造应增加绿化面积，在植物选择上注重经济性、美观性和功能性，同时需考虑居住建筑的通风和采光问题。在划分公共建筑用地和广场用地时，应按照村镇规划用地比例的要求，确保公共建筑风格与当地建筑风格一致。公共建筑用地和广场用地的景观设计应与原乡村聚落的景观风格一致，以硬质铺地为主，铺装的颜色和材质需与农村环境相适应，并可使用代表本地乡土文化的图案进行装饰。

绿化区的景观整治以保护古树名木为前提，在绿化选择上，以本土树木和具有经济价值的当地农作物为基调。一些富裕的乡村聚落可以拆除重建绿化区，但是整体风格要与原有的景观环境相统一，并在此基础上进行改造。基础设施规划设计的重点是充分利用能源，最大限度地满足农村居民的生活和生产需要。通过对乡村聚落景观的改造性规划设计，新的乡村聚落景观能够为居民提供更好的生活环境，并传承地域景观特色。

3. 创新性规划设计的方法

乡村聚落景观创新性规划设计的目的是弘扬地域景观的特色。创新性规划设计不是凭空想象，而是在原有地域文化的基础上进行合理规划和设计，是在把握现代农村居民的审美和生活所需的基础上进行的巧妙创新。新乡村聚落景观规划设计，是在保护性规划设计与改造性规划设计的重点的基础上，进行创新性规划设计。创新性规划设计包括民居建筑的创新、农田景观的创新和乡村旅游景观规划设计三个方面。

在尚未建成或改建的乡村聚落中，许多乡村聚落计划修建具有现代气息的民居建筑。然而，在规划设计时，新建筑应兼具传统风格与现代气息。建筑的创新性规划设计不能脱离地域特色，应在传统文化中寻找文化元素，并结合现代人的生产生活方式进行重新建造。在建筑上可以添加装饰纹样，如当地的吉祥物、文化图案等，同时结合现代人的审美习惯，在原有基础上进行再创造。新的内容和装饰一定要与周围环境相融合，建筑材料的使用也应统一规范。这样的乡村建筑既保留了传统风格，又展现出新的发展特色。

乡村聚落所在的农田景观，由当地的经济作物景观构成，包括水稻田、麦田、蔬菜田等。然而，农田景观略显单调，可以搭配一些具有观赏价值的树木进行点缀，形成新的乡村聚落农田景观，使传统农田景观锦上添花，提高农村景观的审美价值。在进行农田景观创新规划设计时，应充分发挥树木的观赏性，在适当区域种植一定数量的高大乔木，既能保护农田土壤，又能为劳作的居民提供遮阴休憩之处。同时，可在乡村聚落的大片空地上种植具有观赏价值的果树，既有经济效益，又能带来良好的景观环境；也可以在田间道路旁种植一些花木或观赏叶的本地植物，装饰单调的田野空间，增添更多的景观色彩。

随着社会经济的发展，城市居民处于巨大的生活压力下，渴望亲近大自然，因而对远离城市喧嚣的农村产生了浓厚的兴趣，希望通过农村观光旅游来释放压力。在这一契机下，农村逐渐从以第一产业——农业为主的模式向以第三产业为主的模式发展，乡村聚落景观也逐渐向乡村旅游景观转变。传统乡村聚落景观的创新性规划设计主要包括旅游景点的开发与景观规划设计、农业观光园的开发与景观规划设计。旅游景点的打造可以根据乡村聚落景观的特色进行规划设计，包括特色民居、湿地、森林、河堤等，在这些具有风景特色的自然条件下进行适当梳理和调整，形成生态保护观赏风景区；还可以在乡村聚落内修建乡村酒店或改造农民的自用房，使其变为民宿，方便外来游客停留。农村观光园的开发与景观规划设计主要包括观赏农业区、体验式农业区、休闲活动区等。乡村旅游景观的打造是在抓住其地域景观特点的基础上进行的，这样不仅能够保存原有的生态环境，也能够体现地域景观的特色。

（二）乡村聚落景观规划设计的程序

传统乡村聚落发展至今，理应适应时代和发展的需求。在景观规划中，除了重视保护，还必须强调更新与发展。乡村聚落景观的规划总体上需要结合地域特点、人文特色、社会经济、功能需求等要素进行细致设计。设计主要包括空间结构、聚居地选址、产业规划、乡村建设、道路与绿化基础设施规划等内容。

1. 明确任务

明确设计任务是为了准确把握规划方向，是科学合理制定规划的基础。根据《中华人民共和国城乡规划法》等政策规范要求，应明确规划定位和类型，准确界定拟规划区域的范围，为后续规划工作的开展奠定坚实的基础。

2．收集资料

资料收集是科学合理制定规划的前提。在规划制定前，应全面、细致地收集拟规划区域的相关基础资料，主要包括自然环境、社会环境和经济环境三个方面。自然环境资料主要包括土地、水文、地形、动植物、矿产资源等内容；社会环境资料主要包括人口数量、建筑概况、道路交通、基础设施、历史文化等；经济环境资料主要包括产业布局、经济结构、收入水平。资料收集过程中可以采取实地考察、座谈访问、文献整理、调查问卷等多种方式，以确保资料的全面性和准确性。实地考察的具体步骤如下：

（1）调查准备阶段。在此阶段，主要针对研究区域进行相关资料的收集。首先，收集研究区域的卫星地图及各种比例尺的地形图，认真研读这些图纸，了解研究区域的地形地貌、水系走向、植被类型、道路交通及聚落分布。其次，仔细阅读研究区域的地方志等文献资料，以确定该区域是否有历史文化名村或历史风貌保存较好的区域。最后，制订调查提纲，并根据提纲安排相应的调查任务。

（2）现场调查阶段。该阶段主要是深入研究区域，进行实地走访调研。首先，对研究区域的自然景观要素，如气候、地貌、水体、植被等进行详细拍摄和绘制草图，亲身感受其自然资源特色及生态格局。其次，深入研究区域的聚落内部，针对与乡村聚落风貌相关的要素，如建筑、院落、文化生活习俗、生产生活习惯、常见色彩、历史文物遗迹、民族风貌等进行详细拍摄并绘制草图。最后，通过与村民和政府的座谈，了解研究区域的产业生产情况，如农业发展状况、经济收入情况、常种农作物等，做好笔记。

（3）调查总结阶段。在该阶段，主要对现场调查过程中记录和拍摄的资料进行分类整理和汇总，形成研究区域景观要素研究的原始调查资料库，并补充现场考察时未完整记录的资料，最终形成对研究区域现状的全面认识。

3．分析提炼

景观资料分析评价是科学合理制定规划的依据。主要任务是将前期收集的大量相关资料进行分类、归纳、分析、取舍，全面评估拟规划区域内的土地利用状况、景观空间结构布局情况、景观结构类型及特点、乡村资源利用现状等内容，并找出存在的问题，为规划思想及理念的提出确立现实依据。分析评价中可采用叠加分析、定性分析、定量分析等方法，并形成初步结论。分析提炼的步骤如下：

（1）根据现场调查的资料，详细梳理研究区域的自然生态环境，总结该区域自然景观的整体特征，提炼出影响研究区域景观要素的重要因素，确定重点研究的景观要素，初步识别研究区域可利用的自然景观资源，并构建初步的自然地理空间单元框架。

（2）基于对研究区域典型聚落的实地调查，为每个典型聚落撰写一份完整的调查报告。报告重点分析研究区域内典型聚落景观的构成要素，探讨其形成条件及功能作用，并对比各典型聚落中影响因素的异同，确定不同影响因素在乡村聚落景观建设中的重要性。总结各类因素的人文内涵，为新型乡村聚落景观的设计提供依据。

（3）根据调研走访的资料，分析提炼研究区域乡村聚落的生活和生产特征，总结出该区域居民的生产生活习惯及常种作物的生长规律，梳理出影响该区域景观风貌的生产性景观因子，为后续新型乡村聚落景观设计的合理性提供依据。

4．分类整合

分类整合思想是自然科学与社会科学研究中的基本逻辑方法。分类整合思想的基本环节就是"分"与"合"，二者既是对立面又是矛盾的统一体，有"分类"必有"整合"。

通过对现场调查与分析的总结，首先需要根据乡村聚落景观发展的各类要素的属性进行分类，确定影响乡村聚落景观发展的三大类要素，分别是地景要素、风貌要素和产业要素。其中，地景要素可进一步细分为气候要素、地貌要素、水体要素和植物要素。这些要素共同构成了新型乡村聚落景观建设的自然基础；风貌要素可细分为建筑风貌要素、人文风貌要素和色彩风貌要素，这些要素的研究为新型乡村聚落景观的空间形态和视觉体验提供了本土化设计依据；产业要素细分为农业产业工程要素、观光农业产业要素以及地域生产生活习惯方面的研究内容，这些子要素的研究为新型乡村聚落景观的合理性和功能性设计提供了参考。

通过上述分类研究，可以充分了解研究区域内各类景观要素的特征。然而，乡村聚落的景观设计是一个有机的整体，各类要素往往并非独立存在，它们之间相互影响、相互制约。因此，在进行乡村聚落景观规划设计时，必须从整合的视角出发，将各类要素统一考虑，构建研究区域乡村聚落景观要素的整体框架。通过图示语言直观展现其地域特色的景观基因，形成研究区域一体化的景观要素体系，为后续的景观设计提供依据。

5. 形成成果

通过分析材料中的相关内容，进一步提炼规划设计原则、指导思想和规划理念。明确规划重点、规划细则和框架内容，编制规划说明书和规划图纸，尊重村民的意愿，重点突出空间形态布局、场地规划、道路、绿地等详细景观设计。规划中注重"两个结合"：一是传统理念与现代理念相结合。设计理念中始终要以独特的乡土民俗和历史文化为核心，避免盲目照搬和求新求变。在弘扬历史文化、传承民俗风情的基础上注入现代理念，实现二者在乡村聚落中的完美融合。二是现状与未来需求相结合。在深入剖析乡村聚落现有实际状况的基础上，融入可持续发展的思路，建立保留优势、改变现状、促进发展、顺应未来的规划模式。

第三节　乡村振兴背景下的聚落景观规划设计的新理念

一、乡村聚落景观规划设计的新思路

（一）以生态文明为导向，构建以人为本的规划理念

党的十七大报告提出建设生态文明。所谓生态文明，是以尊重和维护生态环境为主旨，以可持续发展为依据，以未来人类的持续发展为着眼点。党的十八大报告进一步对生态文明提出了新的要求，指出："必须树立尊重自然、顺应自然、保护自然的生态文明理念……坚持节约优先、保护优先、自然恢复为主的方针。"党的十九大报告中强调："建设生态文明是中华民族永续发展的千年大计。必须树立和践行绿水青山就是金山银山的理念，坚持节约资源和保护环境的基本国策，像对待生命一样对待生态环境，统筹山水林田湖草系统治理，实行最严格的生态环境保护制度，形成绿色发展方式和生活方式，坚定走生产发展、生活富裕、生态良好的文明发展道路，建设美丽中国，为人民创造良好生产生活环境，为全球生态安全作出贡献。"党的二十大报告指出："大自然是人类赖以生存发展的基本条件。尊重自然、顺应自然、保护自然，是全面

建设社会主义现代化国家的内在要求。必须牢固树立和践行绿水青山就是金山银山的理念，站在人与自然和谐共生的高度谋划发展。我们要推进美丽中国建设，坚持山水林田湖草沙一体化保护和系统治理，统筹产业结构调整、污染治理、生态保护、应对气候变化，协同推进降碳、减污、扩绿、增长，推进生态优先、节约集约、绿色低碳发展。"这些要求为我们未来的生态文明建设指明了方向，提供了重要的指导和遵循。以人为本的科学发展观的建立，进一步拓展了乡村景观规划的内涵，要求规划从人的尺度、人的需要、人的情感和人的知觉以及人与人之间相互作用的过程等方面出发，编制出真正符合人类需求、能达到"富民"目的的合理规划。因此，在未来的乡村景观规划过程中，应从人本需求角度出发，依据生态学原理和景观生态学理论与方法对生物环境和社会相互作用过程进行全面深入的探究，寻找资源和空间利用的最佳途径，合理安排乡村土地及土地上的物质和空间，进一步强调景观的美学价值和生态价值及其可持续发展的长期效益，为人们创建高效、安全、健康、舒适、优美的环境。

1．以农村生活为主体，提高农村居民的参与意识

无论是什么设计，都是围绕人的生活和为了满足人们的需求而展开的。所以乡村振兴背景下的聚落景观规划设计也应该以农村居民的生产生活为主体。以人为本的理念，强调的是在考虑人的生产生活的物质环境和人文情怀的精神环境基础上进行规划设计。要使乡村聚落景观规划设计变得有价值，必须建立在深入了解和熟悉农民生产生活的基础上，围绕农村农民的行为特征，提供更便利的农业生产和生活环境。这样打造出的新乡村聚落景观才会符合当地居民的生产生活需求。同时，通过提高村民的参与度。整个乡村聚落的精神文化景观才有了依附性和生命力。

2．以保护生态环境为重点，发挥自然景观的优势

规划设计时，应将乡村聚落中的林地、田野、沟渠、河塘的整体布局与自然生态环境高度融合，因为这代表了祖祖辈辈为与自然和谐共处而建立的生态平衡模式。维护农村的生态平衡，就是维持人类的生命。因此，在乡村聚落景观规划设计中，维护生态环境是最重要的一部分，是规划设计的出发点和归宿。

好的乡村聚落生态景观不仅为农村居民提供了良好的生产生活环境，也成为附近城市居民休闲、娱乐、观光和享受自然的理想去处。相较于城市，乡

村聚落可以利用其独特的生态自然景观优势，打造乡村旅游景观。通过与城市景观的巨大差异，激发城市居民的消费欲望，使他们能够亲身体验乡村聚落优美的生态自然环境，从而为农村居民带来额外的收入，促进农村经济的发展。

（二）以统筹协调为抓手，强调科学规划理念

2019 年修订的《中华人民共和国城乡规划法》不仅为我们的规划设计提供了法律保障，也提出了更高的设计要求。在强调规划的系统性、整合性、可操作性的同时，更加注重科学性和可持续发展，摒弃了过去"排排房子、整整院子、补补道路"等简单的规划方法。统筹规划需要从产业集群、产业带、城镇体系的等级规模结构和空间结构、农业产业化、基础设施建设、商贸物流基地建设、环境保护与生态共建等几个重要方面展开。要统筹规划山水格局、交通网络、民居建筑、基础设施、生产产业集群等要素，充分挖掘乡村景观资源的经济价值，改善和恢复乡村良好的生态环境，营造美好的乡村生活和生产环境，全面提升乡村景观规划质量。

例如，利用地形地势的优势，突出景观的地理特点。地形是大地的形态，在乡村聚落景观中起着重要的作用，地形主导着整体的景观印象。平原地区的乡村聚落，一望无垠；丘陵地带的乡村聚落，高低起伏；群山环绕的乡村，展现出层层梯田的壮丽景观，各具特色。这是人们顺应自然、尊重自然、合理利用自然资源，以满足特定自然环境下当地居民需求的结果。

每个乡村聚落的农田，都是经过千百年来反复实践确定的最安全的农田布局，这种原始的农田种植格式中蕴含着自然、科学和生命的智慧。如果轻易改变其格局，会对农民的生产生活造成直接影响。因此，不能为了美观而不顾农作物生长特性，对地形进行改造。应在不影响农作物生长的前提下，并满足种植功能需求的条件下进行。保护和发挥当地的地形地势，构建新的乡村聚落景观安全格局，才能突出当地的景观特色，呈现独特的地域性景观，并使当地居民对生活环境产生认同感和归属感。

此外，在乡村居住社区空间规划和环境设计方面，不再仅仅涉及人工的建筑环境，还将乡村的自然生态系统视为基础，纳入乡村居民点的建筑环境中进行综合研究；不再仅仅致力于开发和改善建筑环境本身，还研究乡村居民点所依托的生态系统基础，开发生态系统基础的综合监测技术、生态系统基础的修复技术、可再生能源和多种能源复合使用技术，以及水、土、能、物种等资源的保护和节约技术等；不再仅仅从健康生活的角度研究乡村居住环境，还从如何在自然生态链中嵌入人类活动，以增加乡村居民的经济收入和提高他们的社会地位的角度上，研究和开发对生态影响最小化的技术。不仅是关注人工建筑环境的工业化生产，还特别注重后工业化的营造工艺技术，以期保护和发扬各种文化源远流长的传统聚落文明。

（三）以乡土民俗为特色，凸显文化传承的理念

独特的乡土民俗是千百年文化积累的精华。乡土民俗与自然景观的高度融合是乡村区别于城市的关键因素，其中最直观的体现是乡村建筑。建筑不仅是一种物化的表现，同时也体现了人类的精神文化，是人类文化的产物。不同的文化赋予建筑不同的内涵，不同的建筑形式也反映了不同的文化背景。地域文化特性和乡土民俗在建筑设计中的体现，不仅仅是将某个文化元素附加到建筑上，更重要的是加强了建筑与周围人文、环境的交流。这种整合使建筑与社群文化和生活方式相一致，具有独特的审美价值，赢得了本地居民强烈的认同感。因此，在乡村聚落景观规划中，必须突出乡村社区的民族特色、民俗特色，包括地域性的建筑风格、艺术审美、文化情趣、民风民俗等，凸显乡村所特有的自然景观及文化景观特色，从而形成鲜明的个性。

二、乡村聚落景观规划设计的新重点

（一）产业经济发展

乡村振兴背景下，农民既是农村建设的主体，又是其受益者。产业发展和农民增收是乡村聚落景观规划的出发点和落脚点。在乡村振兴战略背景下，农村建设的首要任务是促进生产发展，带动经济进步，大幅提高居民收入。规划中应确立现代农业产业化发展的思路，充分调研当地的产业基础和发展现状，全面激发广大群众的积极性和参与性。同时，应结合本土产业要素，改善生产、加工、销售等产业链条的建设，建立科学研究、专家大院、培训授课等服务指导机构，实现一、二、三产业的联动发展，全面提升产业附加值，促进村民收入持续稳定增长。

（二）民俗文化传承

美丽乡村建设的"二十字"指导方针中提出了"乡风文明"的新要求，旨在全面提升乡村精神文明建设的层次，涵盖乡村历史、民俗文化、地域风俗等方面。

由于受到经济和社会快速发展的影响，乡村原有的纯朴、自然、和谐的民俗传统正在逐渐消失，取而代之的是浮躁、攀比、盲目追求时尚等一系列伪城镇化的发展态势。加快城镇化建设步伐并不是要建立新的城市，更不是盲目丢弃传统文化的精髓。在新的规划中，应将融合地域文化特点和保留民俗风情特色作为重要的规划理念，力求在农村建设过程中实现当地居民对乡村的文化高度认同感和归属感。

（三）人居环境改善

改善人居环境是在乡村振兴战略背景下提升乡村居民生活质量、使人与自然和谐共处的重要手段。随着工业化的逐步发展，乡村原有的良好生态环境正面临严峻考验，脏、乱、差现象，建筑分散，土地和矿产资源开发利用率低，建筑功能性缺失等问题普遍存在。在美丽乡村建设中，要严格执行国家村庄整治技术规范的有关要求和标准，树立科学和生态的指导思想，进一步改善生态环境，节约集约利用土地资源，合理开发清洁新能源，完善建筑功能，强化村民的环保意识，建立最适宜的生活和劳动路径。

（四）基础设施完善

基础设施是乡村居民物质文化生活的重要载体，完善基础设施建设对深入推进美丽乡村建设具有重要意义。目前，我国乡村基础设施建设力度较为薄弱，普遍存在道路等级低、路况差，给排水、电力设施陈旧，文体卫生设施缺乏，公共活动空间和绿地面积较少等问题。尽快改变农村基础设施落后的现状，是广大农民群众的迫切需求。规划中要重点完善水利、电力、通信、交通、安全等基础设施建设，加强文化、体育、医疗、教育等服务设施建设，拓展乡村公园、绿地广场等公共活动空间，注重从群众需求出发，实现城乡一体化体系配套和资源共享，全面提升乡村居民的物质和精神生活水平。

（五）多种主导形式相互配合

目前，美丽乡村建设主要有民间主导和政府主导两种形式。民间主导是由民间组织推动的，如山西省永济市蒲州镇的农民协会，他们充分利用当地资源，组织村民学习文化知识和操作技能，激发广大群众的热情，向世人展现了从自发到自觉的建设过程。政府主导则有所不同，它依靠政府的行政力量推动，着眼于物质层面，重在改善村民的生产生活环境，是目前主流的一种形式。在未来的规划中，我们要力求将两种主导形式相结合，既要依靠政府政策和资金的支持，又要充分调动广大居民的积极性和主动性，共同推动美丽乡村建设的快速发展。

三、乡村聚落景观规划设计的新模式

综合前人的研究成果，笔者认为乡村聚落景观的规划模式包括三种类型，分别为生态宜居型、休闲观光型和乡村产业型（详见表3-1）。设计规划时，可以针对乡村地域条件、乡村景观要素、人文历史内涵、经济产业集群等方面对乡村景观进行综合评价，从而确定和选择不同的模式。

表3-1　乡村聚落景观模式及评价情况一览表

确定要素		规划模式		
		生态宜居型	游憩休闲型	乡村产业型
区位条件（城镇联系）		一般	紧密	较紧密
乡村景观要素（特征）	地形地貌	较明显	明显	一般
	植被	明显	明显	一般
	水体	明显	明显	一般
乡村人文特征		明显	明显	一般	—

（一）生态宜居型

1. 模式概况

生态宜居型乡村应具备良好的生态环境。在进行景观规划和建设时，需要从乡村生态出发，重点考虑自然条件、社会条件和经济条件。这类景观规划需依托自然环境进行布局，探索乡村空间的"地方性语言"。

2. 规划要点

（1）在规划设计中，要充分尊重山体、水源等自然要素，合理布局生产、生活等各功能分区，充分利用现有资源，构建生态走廊，实现人与自然的和谐共处。

（2）在规划中应注重人居环境的改造，以自然生态为基本要求，全面提升乡村民居的质量和功能，切实改善生活和生产环境，积极推进"一池三清四改"（建沼气池，清理粪堆、垃圾堆、柴草堆，改水、改厕、改灶、改圈），实现

"四通五化"（通水、通电、通路、通宽带网，实现硬化、净化、亮化、绿化）在植物配置时，要充分利用当地丰富的特色物种和乡土植被，协调植被景观与地域文化的属性，构建多层次、多类别、多色彩、多图案的植被景观，形成具有特色的乡村景观风貌。

（二）游憩休闲型

1. 模式概况

游憩休闲型乡村包括分布较为广泛的农业、林业和水资源。在规划中，应紧密结合农业产业结构调整，在保护乡村资源和生态环境的基础上，合理规划休闲园区建设。通过结合地域农业特色，形成观光体验、果蔬采摘、花卉观赏、垂钓捕捞等游憩休闲园区，充分挖掘乡村旅游度假和休闲体验资源。

2. 规划要点

（1）在规划设计中，要合理分布生产区、服务区、接待区、游览区和聚居区等景观空间，加强对乡村土地和水文资源的合理、高效利用，科学安排各类土地和景观的分布。各区之间既要通过交通网络相互联系，又要利用绿地、行道树等景观要素进行适当分隔。

（2）在规划设计中，应始终以服务乡村旅游产业为目标，加强公共服务体系和基础配套设施的规划与建设。

（3）在规划设计中要体现"逆向"原则，即采用"人无我有、人有我优"的设计理念，打造乡村旅游资源的新奇特色。重点突出特色景观元素，如优美淳朴、田园气息浓郁的乡村自然景观；充分挖掘历史文化元素，保护和修复传统建筑和历史遗迹，新建或改建局部景墙、雕塑、植物造景等景观小品，全面展示当地传统文化。

（4）发展游憩休闲产业，必须建立在保护乡村资源和生态环境的基础上，切不可过度开发，以免破坏乡村的生态和民俗风情。同时，乡村观光体验农业具有强烈的地域性和季节性，必须强调因地制宜、因时制宜，充分考虑资源、区位、市场等条件。

（三）乡村产业型

1. 模式概况

乡村产业型村庄通常地理位置优越，与城镇紧密衔接，位于政治、文化、商贸中心或其边缘，具备良好的产业基础和发展前景。在进行景观规划时，应注重拓展和延伸服务功能，与城市规划紧密结合，融为一体。同时，应考虑乡村生活的特殊习俗，打造既具有乡土风情，又具备现代产业化集群特色的新景观。

2．规划要点

（1）在规划设计中，要加强村、乡（镇）、市之间的道路交通网络规划，为产业化发展奠定坚实的基础。在此基础上，应充分考虑城镇化的需求，以人工绿地为主进行布局，合理规划公共服务区（如广场、花园等休闲用地）、居住生活区、产业经济区等，体现风格独特、兼顾传统与现代的乡村"城镇"型景观。

（2）在植物景观配置上，应充分考虑与城镇相邻的独特地理区位，在紧紧围绕经济产业发展的同时，切实加强环保和生态建设。一方面，在乡村外围布局上，加强边界景观防护林和环保林的建设，选择银杏、香樟、桑树、泡桐等环保树种，阻隔污染源，营造规模适宜且与生态环境相协调的景观体系。另一方面，在乡村内部布局上，以人工绿化为主，采取点、线、块、带相结合的方法，以产业布局为依托建设果林规划区域，适当点缀景观小品于其中，在加强景观特色的同时，传承乡土文化，带动经济发展。

（四）三种规划模式对比

三种规划模式对比情况见表3-2。

表3-2　乡村聚落景观规划模式对比

项目	生态宜居型	游憩休闲型	乡村产业型
规划布局	科学地划分生活区、生产区、缓冲区、公共服务区和保护区等区域，强调人与自然的和谐统一	科学划分生活区、接待服务区、休闲区、采摘区和体验区等区域，强调外在分割与内在联系的协调统一	科学划分公共服务区、产业经济区、居住生活区等区域，强调城镇一体化的系统规划与资源共享
规划特色	以原有村庄肌理为基础，充分利用现有资源，构建生态走廊，注重改善人居环境，全面提升居民的生活质量，改善生活环境	以"人无我有、人有我优"为理念，以田园游憩和乡土体验为主导方式，规划要体现地域特色和民俗风情，突出特色景观，展现地域风貌，打造乡村旅游资源的新奇特点	以道路交通网络规划为基础，以优化产业化发展为导向，充分考虑城镇化的需求，合理规划公共服务区（如广场、花园等休闲用地）、居住生活区、产业经济区等，体现风格独特、兼顾传统与现代的乡村"城镇型"景观

续表

项目	生态宜居型	游憩休闲型	乡村产业型
植物配景	要充分利用当地丰富的特色物种和乡土植被，协调植被景观与地域文化的属性，构建多层次、多类别、多色彩、多图案的植被景观，形成具有特色的乡村景观风貌	以休闲观光植物为主，重点安排当地具有观赏价值的植物品种，并结合生产安排观光农作物	在乡村外围布局方面，加强边界景观防护林和环保林的建设，以阻隔污染源，营造规模适宜且与生态环境相协调的景观体系。在乡村内部布局方面，以人工绿化为主，采取点、线、块、带相结合的方式，以产业布局为依托建设果林规划区域，并适当点缀景观小品于其中

第四章 乡村振兴背景下农业景观规划设计与实践

第一节 农田景观规划与生态设计

一、农田景观规划与生态设计的原则

（一）整体协调原则

农田景观是一个复杂的生态系统，是社会美、艺术美和自然美的集合体。其设计必须以整体协调为原则，做到整体规划、内部协调，从细节入手，实现农田景观的可持续发展。农田景观的设计涉及农业、景观、生态、人文等多学科，因此我们必须整体考虑，注重内部的协调性。整体协调原则对农田景观的设计及其形成过程具有指导意义。

农田景观的设计不是某一景观要素的孤立表达，而是整体化的设计，其最终目的是实现整体协调与优化。设计时，应以"天人合一"为指导思想，遵循自然规律，在色彩、形态及肌理上整合各种设计要素。设计不仅要注重这些要素之间的协调关系，还要关注它们组合后的整体效果。同时，还需考虑农田景观空间的构建、景观要素的表达和景观序列的组织，重视整个农田环境的地域特征及文化内涵。在整体规划时，应梳理和解读原有景观格局，协调"点、线、面"之间的关系，合理布局各类景观要素；尽可能遵循场地精神，协调农作物、植被、道路、农田及农村聚落之间的布局关系；加强对肌理片段的修复，深层次地协调各种元素与设计理念的统一，强化整体风格。

农田景观设计必须全面考虑农田系统的生命周期和生物流动，系统地评估资源消耗、污染以及栖息地丧失等生态因素，构建绿色核算体系，控制其生态价值。要清晰了解农田生产过程，评估其产出是否浪费资源和能源；协调景观的整体效果，统筹其自然结构和组成，以构建自我组织和自我设计的能力。

（二）保护优先原则

当前的农田景观发展只追求经济效益而忽视生态保护，导致土壤环境恶化、水体污染及水土流失等问题频繁出现。针对这些情况，农田景观设计必须遵循保护优先原则。保护优先原则旨在最大限度地保证农田景观的原真性和整体性，并使其具有客观真实性。大多数具有乡土韵味的景观设计都基于一个前提，即在项目规划和设计过程中尽可能减少人为干预。

农田景观依托于当地的自然环境，应将动态保护与集中保护相结合，采用循环式和多阶段式方法对其设计过程、内容及结果进行动态保护，同时集中保护农田景观中具有历史意义的景观小品、建筑、古树、古桥等，优先保护其空间形态和景观肌理。设计不能脱离生态，必须保护农作物物种的多样性，维护景观格局的完整性和连续性，保护生态生境及其循环系统，提高农田景观的环境承载力，不得私自占用耕地或破坏土地。结合实际情况，尊重土地，确保农产品的生产安全，实现保护生态环境与经济发展的辩证统一，在不破坏生态安全格局的情况下适当扩展其功能。不仅要保护其本体，也应对其涉及的环境、社会、管理、经济、法律等方面进行多层次、多样化的保护，做到真实、整体的保护。要加强当地人的参与，促使其以主人翁的心态参与保护和管理。设计者必须尊重自然，保护几千年来的人地和谐关系，将农田景观打造成集产品生产、文化承载、生态支持、环境服务于一体的多功能复合景观系统。

（三）特色突出原则

伴随着城市化和美丽乡村建设的不断推进，许多农田空间失去了特色，给人们留下无尽的记忆碎片。如何追寻回忆中的农田景观，首先应遵循突出特色的原则。突出特色的原则是在长期发展中，促使农田景观在形态、肌理、色彩等方面展现出较高的地域性、差异性和特殊性。

农田景观是人类文明发展的产物。因此，在设计时，应挖掘和提升本土特色，利用当地的设计要素营造适合本土的农田景观，彰显其鲜明的环境特征。要因地制宜地探求符合乡土特色的规划布局和功能定位，就地取材，以提升其景观吸引力。充分利用现有资源塑造特色环境，维持农田景观本身的肌理。通过对农田文化的提炼和场景的营造，突出其场地精神，增强景观的可识别性。同时，应与周围环境相结合，从设计定位、功能分区及设计要素等方面突出当地的景观特色，切勿生搬硬套或简单复制。

事实上，在当今全球化的环境下，特色的突出显得尤为重要，需要比以往更注重并遵循资源和文化的地域性、差异性及多样性，需要更加强调这些突出的特色所带来的吸引力和价值，更好地整合文化之间的同质性与异质性，并勇于创新。农田景观的设计以优化自然环境为首要目的，尤其应该突出其本身的生态特色。

（四）文化延续原则

农田景观包含了当地区域或民族的社会意识、生活方式和人文气息等因素。它是农民生产生活的场所、与人类生命息息相关的圣洁之地，也是人类灿烂文化的源泉。

农田景观文化传递了人与土地变迁的历史文化，展示与环境和谐的自然文化，彰显天、地、人三者共存的生态文化。农田景观文化的延续是对农民精神寄托的继承，是生态文明和和谐社会建设的基础，也是其自身发展的要素。

为了延续农田景观文化，应从整体出发，抓住乡土文化的特点，运用循环性延续、可读性延续和独特性延续等方式，最大限度地保证农田景观文化的维持与发展。尊重历史、尊重地域文化、尊重当地人的经验，营造和谐发展的农田景观新文化体系，规范当地的共同意识及秩序，合理利用当地文化资源并促进其可持续发展。

遍布全国各地的农田景观，是一代代人与土地相互依存的见证，每一处都具有其独特的文化底蕴。延续农田景观文化，可以促使人们深入了解当地的特色、风俗、习惯及文化，丰富他们的精神生活；可以保持其整体特征和原始形态，是促进农田景观得以保存的根本，是给予后人享受祖先文化遗产的恩惠。

（五）科学创新原则

"艺术的规则之一就是将违背规则作为重要的规则延续下来。"这句话意味着，通过对已有规则的科学突破，才能取得创新性的进步。对于农田景观设计，这同样适用。农田景观设计绝不仅仅是简单地复制或模仿，而是在保护农田景观的基础上，进行设计理念、设计工艺、生产技术和审美情趣的创新。这样不仅能让参与者意识到农田景观原型的存在，还能在视觉或文化上产生认同感。科学创新原则成为了农田景观设计在全球化背景下的文化趋同与抗争的体现，也是全球化旅游和高科技化等因素综合影响的结果。

农田景观设计应以科学创新为原则，避免急功近利的现象。在设计过程中，应在保护的基础上，创新性地利用农业生产和生活技艺进行更新或修缮，增强其功能；遵循当地的精神信仰，创新地运用人与自然和谐共处的理念以及趋吉避凶的智慧，将传统的历史文化科学地融入现代农业生活中；注重地区景观的统一性和差异性，强调整体景观的空间意向和场所精神，科学关注设计方法的多样性和材料使用的灵活性；将适合的新材料、新技术、新理念、新能源运用于其中，与时俱进，使农田景观焕然一新；走向现代化，面向世界，借鉴国外经验，立足本地实情和机遇，进行科学创新，提高农田景观的视觉品质和审美情趣，体现农田景观对人类的价值意义。

（六）可持续发展原则

可持续发展原则是指在满足当前需求的同时，不损害后代满足其需求的能力。农田景观设计应以可持续发展为原则，注重自然与人文的有机结合，使其具备自我更新和调节的能力。农田景观的可持续发展是全球关注的共同话题，也是广大居民切身利益和根本需求的有力保障。

农田景观设计应具有长远的建设目标，坚持走可持续发展道路是其必然要求，也是重要的设计原则。设计必须有一定的限度，不能破坏生态环境，不能危及后代的发展；必须确保农田本身的可持续发展，实现材料和资源的循环利用，促进形成循环经济；充分考虑可变和未知的因素，使其具有一定的"弹性"，提供农田景观空间的开放性，赋予其足够的发展余地；依据生态学原理，保护自然环境，延续生物多样性，增强景观的异质性，突出其个性，营建农田循环系统；最大限度地减少化肥和除草剂的使用，充分利用风、水、阳光等自然条件，减少土地、水体、能源等资源的消耗，进行太阳能发电、稻秆回收等，提高使用效率；具有前瞻性，放眼未来，做到节能环保、资源再生，做到局部服从整体、当前服从长远。

二、农田景观规划与生态设计的要求

（一）关注"环境"

农田景观是当地居民为适应环境而形成的一种长期生产性景观，它是当地自然生态环境的最根本体现。其发展与设计与自然地理环境、气候等因素有着密切关系。农田景观设计必须依附于整体的自然环境，关注土壤、农作物、水体、气候以及其他非物质要素，并注意元素之间的相互作用。就小范围而言，关注"环境"强调了农田景观与周围自然环境的整体和谐关系。从大范围而言，关注"环境"还必须强调农田景观与全球自然生态环境的协调关系。只有与环境相适应，设计出的农田景观才能成为自然、历史、文化的综合体，具备生态性、乡土性、互动性和艺术性。

农田景观并非独立于整体环境之外，能够对周围的生态环境起到积极的促进和维护作用。为了发挥其自身的作用，我们必须认识到农田景观设计与周围环境的关系，以促进其健康有序地发展。在今后农田景观的设计中，必须更加关注周围的环境，保证其自然特性，营造健康宜人的环境，延续乡土的生态性。

关注环境、尊重环境是生态设计的基本内涵，对环境的关注是农田景观设计存在的根基。每一个参与农田景观设计的人都应牢记：人类属于大地，但大地不属于人类，自然环境并不是人类的私有财产。

（二）关注"生态"

生态是农田景观本身的基础特性，它不仅仅代表绿色的概念，还能够最大限度地提高农田景观中物质和能源的利用率。在其设计和建设过程中，她对生态环境的影响被降至最低，并具备高效维护和自我保护的能力。在当今社会背景下，农田景观设计对生态的关注绝不仅仅是一个"漂亮的托词"，而是对整体生态环境怀有深切的使命感和责任感。其设计理念和构想应当体现对生态和自然的密切关注，表达"天人合一"自然观的根本思想。

农田景观设计必须以"生态"为核心发展要求，充分利用现有的环境条件，增加农业系统中物种、群落、生态系统等各层次的多样性和空间异质性。设计应以生态友好的方式利用自然资源和环境容量，减少农事生产活动中的各种污染和浪费，实现农事活动的生态化转变，增强农田景观的生态屏障功能。合理布局农田、林网、沟渠、路网及自然、半自然生境，构建城市外围开阔的绿色开放空间，从而更好地保护农田景观的生态，实现"双赢"。此外，农田景观设计对生态的关注，应突出其对参与者的环境教育意义，最大限度地减少对生态系统完整性的破坏。设计理念必须让每一位参与者意识到：世界上本没有垃圾，只是放错了地方。农田景观中的各种设施也应凸显生态特色，所有的农产品都应注重绿色环保。

（三）关注"经济"

民以食为天。没有粮食就没有人类。我国拥有世界上 7% 的耕地，却养育着世界上 22% 的人口，这充分说明了农田对人类生存和生活的巨大贡献。对于农田景观设计而言，关注"经济"是至关重要的。经济性是其本身所具有的特性，是其生产性最基本的体现，也是其区别于其他景观的关键所在。

随着可持续发展理念的推进，农田景观设计必须将经济发展与其自身的形态肌理有机结合。我们必须重视农田景观的产业发展和生产模式，关注农田景观的内在价值，以维持较高的生产力和生物量，优化地区经济结构，改善当地居民的生活质量，实现合理发展、节约成本，推动经济可行性与乡土保护相结合，形成高度的循环经济。我们应用综合的指导思想，保护和挖掘农田景观的文化内涵和经济效益，探究其内部所蕴含的活力，充分利用乡土资源，以较少的人力和资金促进农田景观的生产和生活发展。

（四）关注"情感"

农田景观设计要关注"情感"，要符合当地人的生活习惯和民风民俗，强调人们的精神性、生命性和亲和性，突出人文环境的营造，优化当地的历史文化，使"艺术的生活"融入当地的农田景观之中。正如陶渊明在《归园田居》中提出的"久在樊笼里，复得返自然"的农事生活意境。农田景观的情感来源于人类与农田、与自然的直接接触，包括农田场所精神带给人们的感官刺激、农民及设计者的生长环境，以及参与其中的人的思想意识和生产生活经验等。

农田景观设计必须与情感相符，才能凸显其发展的最高要求，实现对乡情的关注和乡土的崇尚，关注当地人真挚朴素的感情和体验。在人们长期的生产生活中积累的社会习俗、文化意识、宗教信仰等因素，促使现代农田景观的内涵不断发展和延伸，特别是农田景观的朴素情感，这是其他景观类型所无法比拟的。因此，在进行农田景观设计时，我们要树立关注情感和文化的理念，使农田景观中的"物""事""意"都富有情调。通过将情感融入农田景观，并注入农民和设计师对农田的感知，充分利用当地的设计要素（如水文、土壤、地形地貌、民风民俗和精神文化等），使农田景观的场景节奏与空间序列紧密联系在一起，增强其象征性和叙事性，使其具备集体的精神意义。

（五）关注"表达"

农田景观设计关注"表达"，其实际意义在于关注设计，关注设计表达的方式和设计理念的体现，做到"彰于意而思于心"。农田景观的设计不同于一般景观项目的设计，它本身就是设计的一种结果。农田景观产生的根本目的在于为人类提供生活所需的特定物质和环境，对其解读是设计师与当地居民交流情感和态度的过程。

农田景观的设计必须找到一种合适的表达方式，关注其"播种"与"丰收"的生长规律、"自然"与"人工"的生存特性，以及"短暂"与"永恒"的精神内涵。农田景观的表达直接体现在对设计可行性和操作性的认可度上，这也是衡量农田景观设计的关键所在。合理的农田景观设计应便于操作和表达。有利于发挥其应有的价值。

农田景观的设计必须加强对空间、尺度、文化以及人性和自然的感悟。首先，农田景观设计应坚持朴素的理念，但这并不意味着在色彩、形状、肌理等表面形态上进行简单的造型处理，而是要具有深刻的文化内涵，体现出风格化、个性化的朴素意识，充分表达对地方的尊重，充分利用原材料，最大限度地展现农田景观的原有特色。其次，农田景观设计应以当地人的生活为出发点，必须以人为本，避免仅考虑美学和技术因素，而应更多地思考人的体验和需要。农田景观的"以人为本"并不是"以人为绝对的中心"，而应是一种在农田景观与人及其他生物之间保持平衡的关系。这种关系是适度的，并尊重自然条件。在设计农田景观时，必须加强与当地居民的沟通和交流，更好地把握人们的真实需求，使改造或设计出的农田景观更具认同感，并融入当地人的生活中。

三、农田景观规划与生态设计的方法

（一）建立生态安全格局

农田景观的发展必须稳定、持续、循环，并且必须具备优良的生态系统。因此，农田景观设计需要建立生态安全格局。农田景观的生态安全格局是维护农田景观中综合生态系统的关键性景观元素、空间位置及其相互关系所构成的基础性生态结构。它是由自然、社会、生物及人类等各种驱动因子在时空尺度上的相互作用所形成的，具体表现为农田景观的多样性和异质性。党的十八大报告中明确要求"构建科学合理的生态安全格局"。党的十九大报告中指出："实施重要生态系统保护和修复重大工程，优化生态安全屏障体系，构建生态廊道和生物多样性保护网络，提升生态系统质量和稳定性。"

　　农田景观设计的首要任务是建立生态安全格局。设计时应从整体出发，分析和判断农田景观中的关键性要素，将设计学与景观生态学相结合，以保护、恢复和重建农田景观格局，形成"点（斑块）+ 线（廊道）+ 面（基质）+ 体（空间结构）"的一体化结构，确保各生态系统充分发挥其生态服务功能。农田景观生态安全格局的建立以耕地为背景，将大田、观光园、养殖场、绿林和村庄等视为斑块，林带、树篱、沟渠、道路等作为廊道，依据分散与集中、网络布局和景观连续性原则，形成多层次的空间网络。其中，斑块是农田景观的功能载体，廊道是农田景观中的空间通道，基质是农田景观中的空间依托。农田景观斑块的数量取决于田块的规模，一般为 3 ～ 10块／公顷，山区和丘陵地区数量可能会增加。平原地区的田块以长方形或方形为佳，长度为 500 ～ 800 米，宽度为 200 ～ 400 米；山区则根据坡度确定宽度。廊道通常为 3 ～ 4 条，主要田间道路的路面宽度为 4 ～ 6 米，辅助田间道路宽度为 2 米，沟渠宽度为 2 米，乔木防护林带的行距为 2 ～ 4米，株距为 1 ～ 2 米，林带宽度取决于树木的行数，一般为 2 ～ 20 米。此外，农田景观设计还应包括农田道路隔离绿化带。农田景观的生态安全格局不仅赋予其生产功能，还具备生态服务、景观价值、文化传承、观光和教育等旅游功能，能够协调紧张的人地矛盾，是国土规划和城乡规划的重要依据。

　　农田景观的设计应利用景观的异质性来构建其生态安全格局。首先，在原有的地形地貌、气候及生物等自然条件基础上，注入新的设计理念，改变斑块的形状、大小及镶嵌方式，优化原有的景观基质，改善土地的利用方式，构建生物或水利廊道，形成较为稳定的空间形态。同时，要注意保持原农田景观中的生态平衡，警惕新思想渗入可能带来的负面影响，增强农田景观生态安全格局的稳定性，关注各要素之间的比例关系，提升农田景观的质量。其次，应慎重考虑区域的开发程度、环境承载能力和自然承载力，控制人工种植的外来物种的数量。最后，加强农田景观的田埂和边缘环境设计，营造野生的生态生境，为动物的迁徙、植物的扩散及环境污染程度的评价提供依据。在农田景观生态安全格局内部进行综合发展，推进农林果相结合、农林牧相结合，实现农田景观的生态安全格局与其功能的辩证统一，总体提高农田景观生态系统的生产力，以期取得突出的生态效益和经济效益。

（二）合理利用地形地貌

人与土地的和谐关系是社会发展的根基。一片充满诗意与精神灵气的土地是民间信仰和民族认同的基础。农业是人类对地球表面土地最卓越的利用。作为农田景观设计重要骨架的地形地貌，极具亲和力和稳定感，它决定了气候、水体、生产技术及农作物播种等景观的布置效果。只有了解土地是如何发挥作用、变化，以及它如何与生活在其上的生物相互作用，我们才能真正发掘景观的本质。合理地利用地形地貌，有利于在农田景观设计中实现空间的分隔、视线的控制，以及最大限度表现农田景观的美。

农田景观中，地表的平整和耕耘在某种程度上是一种"破坏"行为，因此其设计必须做到尊重并合理利用地形地貌。应顺应自然风貌，在保证不破坏其功能的基础上，适度改造山势地形的空间形态，灵活运用地势地貌。要尊重土地的生命周期，不能改变土壤结构，不能破坏农田景观的稳定性。借助地形地貌营建多种形式的田埂，增强空间的可达性和开放性，实现道路、水域、视线的可达性。笔直的田埂显得呆板，而弯曲的田埂则显得生动。在进行农田景观设计时，应从功能、布局和造景等方面考虑原地形地貌，进行合理布局，使农田景观形成不同功能或特色的区域，并具备较高的视觉稳定性。

零星散落的小土丘或起伏不大的山丘，可以种植高大乔木，而低洼处则适宜种植小灌木或草本植物，以增强视觉上的高低变化，形成错落有致的景观。在南方的平原地区，地势低洼处可以深挖为池塘，设计成南方地区的"桑基鱼塘"；地形较为突出的高地可以设计成高台，为人们提供远眺的空间，登高望远，欣赏开阔的景观。高台下方的地面不应过于裸露，应使用大面积的植被进行覆盖。

（三）准确调配农田作物

种植能够"培育出具有生命力的绿"，这体现了农田景观设计的重要性。景观多样性根植于大地的自然地理与生态特征之中；反过来，这种多样性又反映了陆地环境功能的差异性。

农田景观主要是以种植农作物为主其设计需要准确调配农田作物，实现"三季有花，四季常绿"。因此，要了解当地的气候、土壤、水体和农作物等要素的状况，因地制宜，适地适种，以当地本土品种为主。调配时应谨慎，注意纬度、海拔的变化对农作物产生的影响；根据农田景观的总体规划和功能定位，合理选择农作物，营造结构合理、层次丰富、关系协调的农作物群落组合框架。在设计时注意遵循线条、质地、色彩、空间、季相等美学特征，合理搭配农作物、林果植物与其他景观要素；注重农作物与其他野生植物之间在高矮、大小上的配合，以期在季相的变化中实现最佳的景观效果，为人们提供"五感"上的享受。充分引入成熟的景观设计手法，参考诗意、画理与"比德"兼备的植物配置形式，结合农业景观粗放管理的特性，充分发挥农作物在表现时空、营造意境、分割空间、改造环境、衬托主题等方面的功能，展示农田景观的多重美感。准确地调配农作物的行距、品种、色彩。合理利用生物防治技术、天敌利用技术和生草覆盖技术以及土壤改良、节水灌溉、水分综合管理、整形修剪、防治病虫害等措施，保证农作物健康生长。在满足基本功能的基础上，在农田周边搭配不同的植物，形成绿色空间，如挺水植物、浮叶植物等，这样不仅可以防止水土流失，也能展示农田景观的魅力，传承乡土文化。

与此同时，农田景观的设计要注重营造农作物与野生动物之间的生态生境，如哈尼族的梯田活水养鱼。应对设计区域内现有的动物进行调查，以提供准确的动物种类、习性、分布等有效信息。对于动物较少的场地，可以依据生态学理论、专家的指导以及农作物的品种，适当增加动物的种类或数量，但需控制好农田景观中物种之间的平衡，切忌擅自引进物种以免破坏原有的生态平衡。

（四）灵活运用乡土材料

乡土材料是农田景观中最直接易得、最贴近生活的资源。面对环境恶化和污染等问题，灵活运用乡土材料，是我们的责任。这样既可以节约经费、降低造价，又可以使景观设计更具地域特色。农田景观的美要靠材料来创造，农田中一切具有稳定性或能够形成形状的物质，都可以作为设计材料。关键在于我们要善于探索发现和巧妙利用，顺应天时，因地制宜，以最小的投入获得最大的成功。农田景观设计要根据定位、创意和内容选择乡土材料，最大限度地挖掘和发挥乡土材料的材质美。要充分掌握乡土材料的特性与加工技艺，因材施艺、因料施策，将乡土材料加以提升，确保与环境相协调，在保护的基础上展示农田景观的风俗文化；探索乡土材料的特征和形态，利用现代技术进行转换、变形、简化和抽象，完成呼应历史与现代的双重使命。在农田景观设计时，还可以直接使用原生植物，借鉴古典园林中的"诗格"和"画理"进行取材，赋予农田景观诗画般的意境，传递农田景观的乡土气息。

农田景观中，最为常见的乡土材料有秸秆、稻草、茅草、水体、土地和山石等。水稻和小麦的秸秆及茅草是农田景观中特有的资源。在水稻收割的季节，将农田中的秸秆散放，任其自然腐烂并转化为肥料回归大地，体现了物质的自然循环。将割下的稻秆卷成捆放置，可作为农田景观的小品，用完后可立即运走作为牲畜的饲料。农作物的秸秆和茅草可以用来搭建茅草屋、扎制稻草人、编草鞋和草席等。对于城市居民而言，城市中到处充斥着钢筋混凝土，而农田景观中的茅草屋、茅草亭、草鞋、稻草人等则更加贴近自然，富有野趣，具有很高的教育意义和观赏价值。水体是自然界中最灵动的资源，在设计时，要将其自由的特性展现出来，例如"四喜"：一喜环弯，二喜归聚，三喜明净，四喜平和。并根据水的深浅，依次种植挺水植物、浮水植物和沉水植物，巧妙运用乡土植物，引导农田景观观赏视线，做好视线过渡。农田景观中的泥土是最具潜质的材料，因为它是最初始的原发性物质，具有原始之美，将其布置在适当的地方，可以引导农田景观空间的通道和走向，点缀局部景观。农田景观中的乡土材料如今也在许多城市景观中运用，如以水稻为媒介的沈阳建筑大学校园规划、以鹿为主的厦门园博园鹿园、以玉米为主的芝加哥北格兰特公园艺术之田等。

（五）营造趣味景观小品

景观小品在农田景观中如同跳动的音符，是农田景观中最为鲜明的视觉语言。它们通过不同的结构、材质、造型，传递着农田景观的地域文化。优秀的景观小品不仅是农田景观设计中的标志性元素，也是文化的载体。充满趣味的农田景观小品是游客驻足停留时的视觉焦点，具有较强的视觉冲击力。其设计应追求精致而非粗糙，否则将大大降低景观的视觉效果。

农田景观中的小品表现力强、题材广泛，常见的包括稻草人、土地庙、神龛、风水树、亭台、指示牌、观景台、草垛、石碾、打谷场、井台、戏台、棚架等。通常这些元素还可以与雕塑或水景、石景等相融合。在进行农田景观设计时可以将这些景观小品打造成农田景观的点睛之笔，做到趣味、精致和淳朴兼具，使农田景观更具特色。例如，在农田景观的观景亭中设置石桌和石凳，并在其上放置一些小箩筐，不仅能增加景观的趣味性，还能唤起对传统生产生活场景的追忆。

营造趣味性的景观小品，首先要明确其定位，超越传统的农田景观建设，挖掘其休闲观光功能，使普通的农田景观独具特色，实现生态价值、景观价值和社会经济价值。其次，农田景观小品设计要具有与农田景观相符的造型，清除农田周边私搭乱建、废弃垃圾、非规范标识等，符合农业生产或游客观赏游憩的需求，色调选择上以绿色为主背景，并综合考虑各颜色代表的意象、象征及人们的心理因素。再次，农田景观小品应配备完善的休憩设施，选址应符合游客的观光游览偏好和习惯；符合主题且具有创意；制作材质应能承受日晒雨淋和自然力的侵蚀；注意考虑老人、小孩等人群的特殊需求，地面铺装应具备防滑功能；植被配置应避免带刺及有毒有害植物。最后，注意整体的景观视觉效果，要符合受众的直观接受能力、审美意识、社会心理和禁忌，避免引起反感和歧义；创造性地探求独特的艺术表现形式和造型手法，以凝练、精准艺术语言，使设计具有美感。

（六）鼓励广泛参与互动

农田景观的设计不仅是政府行为，也是一种大众行为，其服务对象是广大的居民。因此，设计需要站在广大群众的立场上，切实为他们着想。农田景观设计要充分发挥政府和广大群众的力量，鼓励广大群众积极参与，同时要突出以人为本的理念。

鼓励广泛参与和互动已成为设计中的常用方法，这同样适用于农田景观设计。对于农田景观设计，首先，各级政府要健全法律法规体系，加强对农田景观的宣传（例如湖南省株洲市的农产品博览会），提高居民对农田景观保护和发展的意识，推动居民积极参与，认真听取意见，构建当地人的自我发展机制。同时，设计必须强调城乡居民的需求，注重生产、生态、生活等功能，促进农田景观的全面发展。其次，要在保护的基础上保障居民的切身利益，充分发挥当地人的主观能动性。任何农田景观的设计都必须在获得当地居民认可的情况下进行；鼓励居民学习新知识，更新农田景观理念。在确定农田景观的符号特点时，必须与当地居民达成一致，从参与者的角度思考设计，使其深入人心。

■ 四、农田景观规划与生态设计的目标

（一）活力

要使农田景观具有生生不息的特质，其设计必须赋予其活力，从周围

环境和生产形态入手，融合社会、自然及人类的生产生活。农田景观的活力指的是农田景观本身具有自我完善的功能，能够有效地迎合人类的活动。有活力的农田景观不仅是可以展示的、观赏的，而且能够供人使用，让人参与其中。

有活力的农田景观具体表现为农事生产的热火朝天、农作物的生机盎然、景观的丰富多样等。宋代词人辛弃疾曾写道："茅檐低小，溪上青青草。醉里吴音相媚好，白发谁家翁媪？大儿锄豆溪东，中儿正织鸡笼。最喜小儿亡赖，溪头卧剥莲蓬。"这正是农田景观活力、生动和质朴的体现，凸显了乡村生活的生命力。充满活力的农田景观为居民提供了生产和娱乐的场所，展示了乡村景观的独特风貌；能够全面展现居民生活的浓厚氛围，传递农耕文化的时代感，具有很强的吸引力。

（二）美丽

农田景观的美丽是人们对农田和自然的感知，其设计必须以美为目标，并基于生态绿色的基础进行艺术体验，具备较高的景观美感和多元化的景观空间。在农田景观中，万物皆美，万物皆可欣赏农田景观传递出的景观美（如朴素、生态等），具有不可比拟的意境，是"物境—情境—意境"的结合体。农田景观美感度是指个人或群体以某种审美标准对农田景观视觉质量进行的评价，取决于视觉感知的美与不美，并表现为量化的风景美学质量。具体的评价方法为美感度评判法。农田景观美感的级别可以通过审美群体之间的共同感受来确定。

（三）循环

田园景观作为自然界中最具魅力的景观类型，其存在、发展、变化都遵循着一定的自然规律。一年四季的变化展示了其循环往复、周而复始的特性。在生与死的无限循环过程中，生命得以繁荣生长。田园景观中的每一种生命体都以其独特的循环方式传递着对自然的执着和对生命的珍视。

未来的农田景观设计必须以循环为目标，采用始于"源"、经"流"而终于"汇"的方式为手段，并具备"资源—产品—再生资源—再生产品"的反馈式发展过程。循环的农田景观具体表现为景观四季的时空变化、农作物自身的生长过程、农业资源利用率的提高、农产品的再使用、废弃物的再循环和再利用、源源不断的景观生态流、较高的生命力和承载力、循环的农田生产系统和农产品加工系统、一体化的城乡系统，以及无污染、高产量、高效益的生态系统。

（四）发展

农田景观是一个动态发展的时空交融的生态文本，其内部要素和形态等都处于不断变化之中，呈现出一种发展趋势。

农田景观的设计要摒弃传统的"高消耗—高污染—高增长"的粗放型模式，以可持续发展为目标，使其符合现代生活的需求。要重视农田景观在新形势、新时代下生产功能定位的转变，因地制宜，既要继承传统、延续历史，也要包容现代、顺应潮流。如果仅仅为了消极地维持，还不如积极地发展。这样的农田景观才会具有新的活力和内涵，展现"山清水秀稻花香"和"桃花流水鳜鱼肥"的美景。党的十八大报告中指出："给自然留下更多修复空间，给农业留下更多良田，给子孙后代留下天蓝、地绿、水净的美好家园。"这一生动的描述表明了我们对发展的态度。

第二节　乡村经济作物园景观规划与设计

一、乡村林果园景观规划与设计

（一）乡村林果园景观规划设计原理

1. 生态系统原理

生态系统是在一定空间中共同栖居的所有生物（生物群落）与其环境之间，通过不断进行物质循环和能量流动而形成的统一整体。生态系统通过物质循环和能量流动，在系统的生物组成成分之间以及生物组成成分与环境之间建立了不可分割的联系。在这个系统中，物质不断循环，能量持续流动，这些是生态系统最基本的特征。乡村林果园是一个人为改造的生态系统，应遵循生态系统的基本规律。要求该系统的生物成分必须与环境相适应，并且生物成分和环境之间必须能够进行良好的物质循环和能量转换。通过调整该系统内部各生物种群的组成关系，可以使其内部结构更趋于合理化，提高生态经济系统的整体功能，从而增加产出。

2. 生物间的生化相互作用原理

自然界中几乎没有任何一种生物能够离开其他生物而单独生存和繁衍。当不同的植物毗邻生长时，它们会通过根、茎、叶的直接接触，或通过空气、水分传递各自特有的化学分泌物。这些分泌物被其他植物吸收后，会引起体内酶促化学过程的变化，从而影响新陈代谢过程，使植物的生长发育增强或减弱。这种生物间的生化作用，即生物他感作用，在自然界中广泛存在。例如，核桃树的树皮、根系和叶片中含有胡桃醌，这种物质能够抑制其树下相邻植物的生长，甚至导致其死亡。红玉和倭锦苹果能够强烈抑制马铃薯嫩茎的萌发，而马铃薯的分泌物则强烈抑制苹果幼树的生长。在乡村林果园的物种组合中，除考虑光能的利用、养分和水分的需求等因素外，还应注意生物他感作用的影响，充分利用生物间的相生、相补、相促和相克关系，以实现最佳的生态和经济目标。

3. 生态位与自然资源多级利用原理

生态位是指生态系统中各种生态因子变化梯度中能够被某种生物占据利用或适应的部分。例如，一片荒山在定植乔木树种后，树冠中的隐蔽条件及树冠中的食叶昆虫等为鸟类提供了一个适宜的生态位；树冠下的弱光照和高湿度为喜阴生物创造了一个生态位；枯落物和有机质的堆积又为小动物（如蚯蚓、蠕虫等）提供了适宜的生态位。合理利用生态位原理可以使乡村林果园成为一个具有种群多样性的稳定而高效的生态系统，使有限的光、热、水、肥、气等资源得到合理利用。

4. 生态效益与经济效益协同原理

现代林果园生产由于片面追求产量和经济效益，以及大量使用化肥和化学农药，往往导致果实农药残留度高、品质下降，甚至导致果树品种退化。大量使用化学农药不仅造成环境污染，还破坏了生态平衡。因此，乡村林果园的设计不仅要考虑产品的优质高效，还要兼顾生态效益，使两者有机结合，实现协调发展。

（二）乡村林果园景观规划与设计的内容

1. 果园种植的选择与配置

乡村林果园中的种群是多样化的，由主要种群和次要种群构成。种群选择是指对果树种类和品种的选择。根据果树区域化的要求和适地适树的原则确定适宜的果树种类和品种，并作为果园中的主要种群。果树种类应多样化，以满足人类的不同需求；品种应优良化，以保持该品种的长期竞争力。种群配置是指在品种之间、主要种群和次要种群之间的合理配置。在宏观上应注意不同作物的成熟期，合理搭配，例如在果园中合理安排授粉组合。

2．果园间作

为了充分利用土地资源、增加经济收益，果树定植后的 1～4 年，可以在行间间种矮秆作物、瓜菜等。合理的间作可以增加果农收入。间作的方式有以下几种：

（1）果树和农作物间作。枣粮间作是一种多年生的高大枣树与农作物长期间作的立体农业制度。与一般间作相比，它能更好地利用光照和土地资源，提高生产效益，并兼具农田防护林的生态功能，其产值约为纯粮田的两倍。此外，果园间作豆科作物，既能培育地力，又能增加收益。

（2）果树与瓜菜间作。苹果园可以间作辣椒、西红柿、茄子等，每亩可增收 500～600 元。在幼龄果园中采用地膜覆盖，并间作西瓜。早春时，覆地膜能够增温保墒，对幼树的成活和生长极为有利。此外，地膜种植的西瓜还可以提前 10～15 天上市，实现一膜两用，既促进果树生长，又能提前收获西瓜，效益十分理想。

（3）果树与牧草间作。在果树行间未完全遮阴前，可以间作牧草。应选择矮生、匍匐、青草期长、生长势强、耐割、没有不定根和不定芽、不影响果树株间翻耕的品种。既不妨碍果园田间管理，具备耐踏性，又兼具果园生草覆盖和保持水土等功能。

3．立体复合栽培

技术在果树树冠下和葡萄架下栽培食用菌、葡萄和药材是一种立体复合栽培结构。在成龄果园树下或架下，形成了一个弱光、高湿和低温的生态环境，非常适合平菇的生长发育。平菇的废基料是优质的有机肥，可以改善土壤结构，增强地力。此外，平菇在生长过程中释放的二氧化碳，可以补充果树光合作用所需的二氧化碳，从而形成一个互利互补的复合生态系统。

4．果园覆盖

果园（尤其是幼果园）覆盖是一项有效的土壤管理措施。覆草和覆膜可以保持水土、减少蒸发和径流；能够调节地温，有利于根系生长和休眠；同时抑制杂草生长，减少耕作；还可以改善土壤的理化性质，增加土壤肥力，提高果品的产量和质量。根据试验，果园连续覆草后，苹果产量比覆草前提高了 2.9 倍，一级果率也相应增加，并能减少落果的损伤率。

5. 果园生物综合防治病虫害

幼龄苹果园可以在行间选择适宜的间作物，如早熟、矮秆作物或本树种的苗木，以减轻大青叶蝉对苹果幼树的危害。在葡萄园中间作黄瓜，其生育期分泌的九碳化合物会释放出一种气体，对葡萄的常见病虫害具有抑制作用。果园覆盖可以改变果树的生境，影响某些病虫害的发生，避免和减轻其危害，从而达到防治的目的。例如，覆盖紫外线吸收膜可以防治草莓的菌核病、灰霉病和轮斑病；覆盖银色膜可以驱避蚜虫，并阻止蚜虫传播病毒。覆膜还可以阻止树下害虫出土。果园养鸡可以有效地消灭土壤表面的害虫。

（三）乡村林果园旅游景观的开发与利用

1. 乡村林果园旅游景观的综合开发

目前，各地在乡村林果园资源丰富的地区，增加人文景观设施以及交通、通信等配套设施，逐步开发建成新的农业生态休闲旅游园区。例如，河北省涞源县的白石山林场总面积为 6.3 万亩，其中公益林面积为 5.1 万亩，天然林面积为 4.2 万亩。这里不仅分布着桦树、椴树、千金榆、落叶松、油松、杜鹃等丰富的林木物种，还有"飞来石""将军帽""小黄山"等奇特的自然地貌。自 1998 年被确定为省级森林公园后，年接待游客人数达到 5 万人次，旅游收入达上百万元。又如福建省泰宁县梅口乡境内的猫儿山，山上分布有 400 公顷的原始次生林，野棕榈随处可见，千年红山茶高达二三十米，千年连理松至少需要三人合抱，林中遍布古藤，缠绕古木，悬挂于林间。这里有 102 科336 种植物，其中有十余种国家珍贵保护树种，是天然的"袖珍动植物园"。近年来，它被确定为省级森林公园，吸引了众多游客，旅游业发展得相当繁荣。

2. 充分利用周边的旅游资源

合理布局规划，在接近国家级旅游胜地的附近地区或必经路段，建设森林生态旅游长廊。例如，河北省阜平县是全国著名的佛教旅游胜地五台山的必经路径之一，这里途经驼梁山国有林场，分布有天然落叶松、橡树、桦树，以及人工种植的落叶松、油松，还有杜鹃、蕨菜等丰富的森林植物资源。20 世纪80 年代末，河北林业学校、河北大学生物系等将其确定为森林植物实习基地。这里还有长城遗址、清康熙皇帝朝圣路经此地的饮马泉等古迹。因此，开发并建成生态旅游长廊对增加本地区经济收入和五台山游客数量具有积极的促进作用。

3．开发新的生态旅游景区

利用奇特的自然地貌，设计并营造观赏价值较高的林果植物群落。例如，河北省曲阳县灵山镇的聚龙洞，自然景观独特，县政府将其开发为一个新的旅游园区。然而，由于这里森林资源稀缺、区域气候恶劣，游客接待数量受到很大限制。相比之下，同样以溶洞为主要景观的北京郊区西南拒马河畔的张坊镇，近年来开发的仙栖洞景区则因洞外丰富的林果资源和宜人的气候，旅游业发展十分兴旺。

4．营造城郊型观光果园或森林公园

随着经济的发展，人们的生活水平和消费层次日益提高，特别是长期居住在城市的人们，渴望有更接近自然的休闲娱乐场所。单调而千篇一律的城市公园已经不能充分缓解城市的喧嚣和高楼的压抑。因此，在乡村营造集生产、休闲、观赏、娱乐、住宿于一体的观光果园和森林公园，不仅可以大大丰富城镇居民的业余生活，还可以绿化荒山荒地，获得理想的生态效益和社会经济效益。

二、中药文化体验园景观规划与设计

（一）中药文化体验园景观规划设计的原则

1．尊重自然，保护环境

在尊重自然和保护生态环境的前提下，中药文化体验园的景观设计应与场地所在区域的整体环境景观相协调，符合中医药文化，不应割裂周边环境的整体样貌，更不能以破坏自然生态环境为代价进行景观建设。在植物景观的营造中，可以借助中医药五行理论进行配置，园区内各景观要素的设计也应具有连贯性，确保园内景观元素之间协调统一，形成体验园景观的整体风格。

2．文景并重，注重地方特色

中药文化体验园的规划设计应展现地域性景观。在前期调研时，应深入了解当地的历史，掌握具有景观价值的自然、历史和人文资源。通过造园手法，将地域特色文化融入景观设计，实现文化与景观的完美结合，突出地域文化景观的特色。利用地域景观和中医药文化的独特魅力吸引游客。

3．相地合宜，因地制宜

在中药文化体验园的景观设计中，应遵循中医药文化的辩证思想，实现人工景观与自然景观的和谐统一。根据当地气候的水热条件、植物的季相特征、园区景观的整体风格以及植物的生态习性，合理处理植物、水和土壤之间的关系。既要做到适地适树，选择适合的中药植物进行栽植，也要因地制宜地营造出富有层次的中医药文化景观环境。此外，应结合植物的季相特征，设计出季节性景观显著、具有动态美的中药植物景观，以进一步增强中医药文化园对游客的吸引力。

4．文化体验，人性化设计

在中药文化体验园的景观设计中，应注重文化体验性的设计，并在功能设施布局上体现人性化。如果仅仅进行单一的中医药文化展示和介绍，园区景观可能会显得过于枯燥、缺乏新意，无法让人感受到中医药文化的魅力。因此，在园区规划设计时，应考虑不同年龄段游客的需求，设置适合不同人群参与的娱乐活动，如药茶炮制、药膳制作、养生讲座、中药养生药浴和中医药知识问答等体验性活动。

（二）中药文化体验园景观设计现状

1．中医药文化在景观运用理论方面的研究不足，导致了盲目建设

目前，我国尚未形成指导中医药文化园规划建设的完整理论体系，缺乏从设计者角度进行规划设计的学术理论。中医药文化园的开发建设涉及众多学科，研究者的研究仍停留在传统中医药文化的范畴，且仅限于植物专类园的研究。从园林景观设计角度探讨中医药文化园规划设计的学术理论目前较少，因此存在盲目建设的问题。

2．药用植物景观特色不够鲜明，地域文化特色不够突出

地域差异形成了不同的文化特色。当前，许多中医药文化园在景观设计过程中未能很好地融合地域文化，未能体现地域文化的特色。植物景观缺乏创新，缺乏辨识度，同时缺乏对药用植物的景观观赏价值的研究与应用。一个成功的中医药文化园景观，不仅要具备形式美和艺术价值，还要具备文化内涵。

3．中医药文化呈现形式单一，缺乏参与性活动项目

目前，中药文化体验园的景观建设往往忽视了对景观文化内涵的深入挖掘。景观仅注重形式美，却缺乏内在美，未能让游客感受到文化的魅力。其中，中医药文化的呈现形式较为单一，仅通过名医雕塑、纪念馆等方式展示中医药文化。景观在营造过程中缺乏人本意识，不够人性化，尤其缺乏供游人参与的活动空间。例如，药用植物园作为中医药文化传播的重要载体，普遍存在

文化单一的问题，无法让人们感受到中医药文化和药用植物的魅力。这是导致目前人们对游览中医药文化园热情不高的重要原因。

（三）中药文化体验园景观设计的流程

1．前期分析

前期分析是指科学地研究园区场地周边的社会经济条件以及植物、土壤、水文、气候之间的关系，并对项目所在区域的规划进行高层次分析，掌握周边类似项目的情况，明确园区景观设计的主要内容，为接下来的规划设计提供详细准确的资料。

（1）收集中药文化体验园的基础资料。收集基础资料包括整理与园区相关的区位条件、环境气候条件和图纸文件等相关文献。在资料收集、分析之后，需要对项目场地进行实地调研，收集场地的水文、地形、植被和建筑等信息，并拍摄现场图片资料。将实地调研资料与初步文献资料进行科学比对与分析，并得出现状报告。这些报告是项目进行选址、规划的理论依据。

（2）分析中药文化体验园的项目条件。对园区场地条件的分析结果为接下来的景观规划设计提供了第一手资料，并且对园区既定的发展目标起到修正作用。

（3）制订中药文化体验园的发展目标。在完成对场地的现状分析并找出项目的发展优势与限制因素之后，根据不同场地的立地条件，结合当地的环境条件和社会经济发展状况，预测体验园的发展前景，为园区选择最佳的发展模式。在规划设计时，应趋利避害，利用项目园区发展的有利条件，充分考虑园区的景观性、生态性和功能性，并以此为基础制订切实可行的发展目标。在实现园区健康发展的同时，应兼顾环境效益和社会效益，为园区的可持续发展创造条件。

2．设计理念与构思

完成场地现状分析后，应将园区发展的有利条件应用于园区的规划设计中，营造一种具有丰富文化内涵的景观环境。在进行中药文化体验园的景观设计时，应以体现中医药文化的内涵为主，遵循因地制宜和适地适树的原则，选择乡土树种，展示具有地方特色的中医药文化和中药材。设计中还应结合具有地域特色的地域文化，营造出具有文化内涵的景观氛围。每个中药文化体验园所的地域都有不同的文化背景，园区的景观规划设计应结合项目的实际情况，明确主题和功能定位，利用当地景观文化元素进行设计。通过科学的布局和富有文化内涵的景观来突出园区的主题，明确园区的主题定位。

在功能定位方面，中药文化体验园具有多种功能，并且各功能有主次之分。因此，在进行园区功能类型定位时，应结合项目自身条件、主题定位和产业发展方向等因素，确定中药材生产、休闲观光、科普教育和科学研究等功能的主次地位，实现经济、社会和生态效益的同步发展。

3．总体布局

在完成前期分析和设计构思之后，应依据景观生态学原理，对中药文化体验园的整体景观功能区进行科学合理的布局，并控制体验园的规模，使每个景观功能区更好地发挥其服务功能。各景观功能区应相辅相成，确保每个区块具有独立性和完整性，并符合体验园的整体规划要求。在进行功能区总体布局时，应将相似的服务项目放置在同一景观功能区内，注意动静分区，并确保每个功能区都有明确的主题及与之对应的服务功能，形成景观功能斑块大集中、小分散的布局特点。植物景观的总体布局也应突出观赏性和药用植物的群体美与个体美，实现园区外围景观、整体景观和局部景观的协调，规划出井然有序、脉络清晰且具有空间美感的环境。

4．功能分区

中药文化体验园作为一种农业观光园，具有明显的经济属性。结合观光农业的功能分区模式，全园主要分为五大功能区：入口服务区、生产种植区、文化展示区、观光体验区和管理服务区。

（1）入口服务区。该区域是整个园区对外展示形象的窗口，由入口集散广场、停车场和服务接待区组成，是体现地方特色的文化展示区。它是园区重点打造的对象，对景观设计的要求较高。在设计时，既要体现中药文化体验园的特色，又要以中医药文化为灵感，进行特色文化景观的设计与营造。

（2）生产种植区。该区域是园区主要的中药材种植区，通过现代化、集约化和智能化的管理，向游客展示现代农业的科学管理、科学种植和现代农业种植技术。同时，在不影响中药生产的前提下，可以设置一些如采摘、中药识别等参与体验活动。

（3）文化展示区。该区域是传播中医药文化的主要功能区，作为展示中医药文化和特色民俗文化的主要场所，设置了药茶品尝、药膳制作和中药炮制等互动体验活动。

（4）观光体验区。该区域内设置了一些如住宿、餐饮和购物等服务功能，并且应设置可供游客参与体验的项目，如药田观光、亲子娱乐和药材识别采摘等。游客可以体验药农的生活，以满足其情感化和休闲化的体验式旅游需求。

（5）管理服务区。该区域是园区用于办公管理、科研实验以及提供餐饮和住宿服务的场所。

5. 体验设计

俞孔坚认为，景观体验是设计之源。"以人为本"是景观设计的首要原则。在进行中药文化体验园的规划设计时，应在"人本观念"的基础上进行景观设计和功能体验设施的布局。园区的功能体验设施不仅要满足游客多样化的体验需求，还要具备自身的特色。根据不同的体验类型，中药文化体验园可以从休闲体验、文化体验和精神体验等方面开展体验性设计。

休闲体验活动主要包括与中药相关的体验活动，如药浴体验、精油提炼、药膳品尝、药茶制作、四诊疗法体验和针灸；与药事劳作相关的体验活动，如中草药的种植、药材采收与炮制；与运动养生相关的体验活动，如太极拳、五禽戏；以及与购物相关的体验活动，如赠送小礼品等。

文化体验需求可以通过展板、文化长廊、微电影、中草药种植基地、中药博物馆和景观雕塑小品等多种方式展示传统中医药文化，从而实现宣传中医药文化的目的。例如，可以展示名医名药的知识、中药发展的历史，以及药事耕作的知识等内容。

精神体验需求可以通过营造浓厚的中医药文化主题景观环境来实现，让游客进行思考，探索人生的意义。

在进行中药文化体验园的规划设计时，应注重体验性景观的设计，形成"一步一景，一景一体验"的景观特色，使游客能够体验到多样化的视觉美、触觉美、嗅觉美、味觉美和听觉美。

6. 道路交通系统设计

对于中药文化体验园来说，园路是园区景观构图的重要组成部分，也是贯穿全园各景观区和景观节点的脉络与骨架，起到组织交通、分散人流、引导游览和提供漫步休憩场所的作用。园路本身也是园林景观要素之一，蜿蜒起伏的曲线和富有寓意的精美图案能够为游客带来美的享受。在布置园路系统时，应满足园区对道路的基本功能需求，如药材的生产运输，也应注意道路使用的便捷性与舒适性，以方便游客进入各个景观功能区。园路的整体布局应符合景观生态学原理，可以与观赏性药用植物、文化雕塑小品、水体、长廊、景观亭和花架等其他景观元素紧密结合，以营造出"因景设路""因路得景"的景观效果，使园区景观的整体布局更具艺术性。

园区的道路主要采用自然式布局，主要道路和次要道路应使用沥青和水泥铺设，以满足车辆通行需求。在中药生产种植区，可以采用规则式道路布局，以便于中药材的种植和管理。游步道应选择最佳位置和角度进行布置，以方便游客欣赏景观。在游步道的形式选择上，应采用自由曲线和宽窄不一的变形道路形式，以符合园区自然式的整体风格。在材料选择方面，应选用木材、卵石和石板等生态材料，减少使用水泥和沥青等人工材料。

在道路分级方面，园区的道路系统通常由四级组成：主干道、次干道、游步道和生产道。主干道通常宽 6～7 米，坡度应小于 8%，起到景观骨架的作用，将园内各大功能区串联起来，形成便利的交通网络。次干道一般宽 3～5 米，坡度应小于 12%，通常与主干道相连，起到连接各功能区和景点的作用，是通往园区景点的路径之一。游步道一般宽 1.5 米，坡度应小于 18%，可以延伸到较小的园区景观节点。生产道一般宽 0.5 米，方便园区药农和农技人员深入药田进行种植与检查。

（四）中药文化体验园景观要素设计的方法

1. 自然景观设计

（1）地形要素设计。地形是景观的骨架，优秀的地形设计可以模糊人工景观和自然环境之间的界限，使园区内外环境融为一体，营造出具有不同空间感受的景观。对于地形变化大的场地，需要因地制宜进行地形处理。例如，在坡度较陡的地方，普通的地形处理手段显然无法满足造景要求，这时就需要成片种植如杭白菊、薰衣草和红高粱等开花的药用植物，营造出梯田花海景观；而在地形较为平坦的场地，则通过模仿山水的方式，营造出植物生长所需的小气候，为植物群落提供适宜的生境，并布置一些药材生产景观，有利于形成多样的园区景观层次。在景观设计时，妥善处理场地地形不仅有利于构建多样的植物群落景观，还能缓解排水系统的压力。例如，上海辰山植物园的岩石和药用植物园的山体都将辰山作为景观的一部分，场地内的坡度有利于通过地势进行自然排水，凸显景观的丰富性和特色。

（2）水景要素设计。出色的水景设计可以形成透景线，成为景观的点睛之笔，使整个园区景观充满活力。水景是中医药文化体验园景观设计中的重要元素，对园区内的生态环境具有显著的调节作用。幽静的空间应与静态水景相结合，让人感到宁静与柔和；运动健身空间则应与动态水景相结合，使人感到兴奋与欢乐。动态水景与静态水景如同阴阳二物，保持着动态平衡。水景具备可观、可触、可听和可闻等感官体验，一个优秀的水景设计能够为游客带来多样的感官体验。

一般来说，水体设计成自然曲折的形态，可以通过喷泉、旱喷和溪流来实现理想的景观效果，或结合地形处理手法创造出蜿蜒曲折的水流，形成一个小而精致的水面。例如，杭州植物园百草园中的水体就呈现出类似"L"形的设计。

（3）植物景观要素设计。植物景观要素的设计需要统筹考虑观赏性与经济性。造景植物的选择应以本地树种为主，并适当选择适宜本地气候条件的其他观赏性植物。同时，可以考虑种植一些可采摘的果树、红花油茶等经济作物。药用植物是展示中医药文化的主要景观载体，因此在中药文化体验园中，药用植物的景观设计尤为重要。在进行植物景观设计时，园区规划设计人员应对涉及的药用植物有深入了解，并将药用植物作为景观设计的主体，结合常见的园林观赏植物，合理搭配层次丰富的植物景观，以增强景观的观赏性和可持续性。在植物种植方式上，应根据中医药文化的阴阳五行学说和四气五味药性理论，选择具有养生保健功效的药用植物，并按照药效、养生保健功效、五行归属和文化寓意等进行植物的选择与配置。例如，可以根据著名药方中的中药植物进行趣味种植，同时结合景观小品介绍其功效，以达到寓教于乐的效果。

2. 生产景观的设计

生产特性是农业观光园的重要属性。中药文化体验园也包含经济生产环节，应通过艺术设计，将文化、经济生产与景观有机结合，形成生产景观。农业观光园包括游憩型、体验型和科普型三种类型的生产景观。

（1）游憩型生产景观设计。游憩型生产景观的主要功能是观赏和游憩，中药文化体验园中的游憩型生产景观主要包括药圃、农业采摘园和经济林。在生产种植区，应大面积种植中草药，营造出具有独特景观特征的药圃花海景观。例如，"浙八味"药材的种植基地，在杭白菊开花时会形成独一无二的花海景观，且具有一定的功效。此外，在药圃的边缘也应种植一些彩叶乔木和其他生态林，作为药圃花海的背景，有助于形成富有层次感的生产景观。

（2）体验型生产景观设计。体验型生产景观以参与体验为主要功能，具有明显的娱乐特点。在中药文化体验园中，应组织一些体验性娱乐活动，如中药采摘与炮制、药浴体验和药膳制作等。同时，还可以结合一些与药事相关的景观小品，如药碾、药臼和研钵，以方便游客参与、体验，增加园区景观的多样性和趣味性。

（3）科普型生产景观设计。科普型生产景观以科普教育为主要功能，着重展示中医药文化的历史和科学知识。游客在游览和体验的过程中可以了解到中医药文化知识，实现寓教于乐，使景观具有积极的教育意义。

3．人工景观的设计

（1）建筑要素设计。园区配套的服务性管理建筑，如杂用房、公共场所、设备间、员工宿舍和员工食堂等对外观没有特别的要求，一般应设置在交通便利且不影响园区整体景观的地方。一些游客经常出入的建筑场所，如茶室、文化展示馆、购物中心和温室大棚等，其外观既要体现园区的主题和地域文化，也要与园区的整体景观相协调。

在设计建筑景观时，应确保不同建筑在风格上协调统一，这也是中医药文化整体观的一种体现。建筑通常以古朴自然的风格为主，色调不宜过于明亮。在进行园区景观建筑规划时，既要使园区拥有中医药文化的展览馆和供游客参与体验的文化养生馆，也要设置一些供游客休息的亭子和廊道等。在营造建筑景观空间时，通常运用植物与建筑单体进行联合造景，例如，利用大乔木掩映建筑，并在建筑周围种植一些观赏性药用植物，通过植物与建筑的结合来增强园区景观的多样化效果。

（2）景观小品设计。景观小品设计需要满足体量小、外形新颖、功能易识别，以及体现地域文化等要求。在材料选择上，通常选用木材和石材等自然朴实的材料。在外形上，应具有独特的轮廓和鲜明的色彩。在功能设计方面，应注重人性化设计，例如运用人体工程学知识设计桌椅，以满足实用、便捷和舒适的标准。

中医药文化蕴含丰富的文化元素，包括与药材使用相关的戥子和熏炉、与行医相关的葫芦、与药材储藏相关的药罐，以及与药材加工相关的药碾等。这些文化元素可以通过雕塑小品的形式进行艺术再现。将这些雕塑小品与药用植物景观相结合，有助于展现园区景观的文化底蕴。

（3）道路铺装设计。铺砖不仅有助于展现园区景观的细节美，还能体现各个景观功能区的主题，是景观设计中不可或缺的要素。具有强烈文化性和丰富内涵的铺砖，也是中医药文化传播的重要载体。通过艺术手法，可以在文化铺砖上再现与中医药文化相关的文化符号元素。例如，将中国传统的养生运动"五禽戏"融入道路铺装设计中，制成"五禽戏"地雕铺砖，并应用在道路与养生广场的铺装中，有助于宣传五禽戏这一健体养生运动。

第五章 乡村振兴背景下乡村公共空间规划

乡村的公共空间是乡村居民进行交流、互动、娱乐、休闲、学习等活动的重要场所。同时，在公共空间中，人们也可以接受正规的医疗服务。因此，乡村公共空间的规划是非常必要的。本章主要论述乡村公共空间的规划，主要包括村镇医疗空间规划、文化娱乐空间规划和商业空间设施规划三个方面。

第一节 村镇医疗空间规划

一、村镇医院的分类与规模

根据中国农村村镇的实际情况，医疗机构可以根据村镇的人口规模进行相应的分类：在中心集镇设立中心卫生院；在一般集镇设立乡镇卫生院；在中心村设立村卫生室。

中心卫生院通常是村镇三级医疗体系中的一个强化机构。由于当前各个县的区域管辖范围较大，自然村居民点往往分布散乱，交通极为不便。这样一来，县级医院在满足全县医疗需求方面的实际能力就显得过于紧张。因此，在中心集镇原有卫生院的基础上进一步加强，形成了集镇中心卫生院的形式。这样可以进一步分担县级医院的职责与压力。它不仅负责本区域的医疗卫生工作，还可以接收本区域卫生院转来的重症病人，并进一步协助与指导下属卫生院的相关业务，起到县级医院助手的基本作用。中心卫生院的规模小于县医院，但大于一般卫生院，通常设有 50～100 张病床，门诊量平均达到 200～400 人次 / 日（见表 5-1）。

表 5-1 村镇各类医疗空间的规模

序号	名称	病床数（张）	门诊人次数（人次 / 日）
1	中心卫生院	50 ～ 100	200 ～ 400

续表

序号	名称	病床数（张）	门诊人次数（人次/日）
2	卫生院	20～50	100～250
3	卫生站	1～2	50左右

　　卫生站通常属于村镇三级医疗体系基层的机构。它往往承担本村卫生宣传、计划生育等基本工作内容，需要将医疗卫生工作认真地落实到各个基层单位。卫生站规模较小，平均每天的门诊人数大约为50人，附带设置1～2张用于观察的病床。村镇医院的用地指标和建筑面积指标可以参考表5-2。

表5-2　村镇医院的用地指标和建筑面积的指标

床位数（张）	用地面积（平方米/床）	建筑面积（平方米）
100	150～180	1 800～2 300
80	180～200	1 400～1 800
60	200～220	1 000～1 300
40	200～240	800～1 000
20	280～300	400～600

　　村镇医院的各个部分使用面积和总体的使用面积可以参考表5-3。

表5-3　村镇医院使用面积参考（平方米）

床位数（张）	30	50	80	100
门诊部分	139	156	223	258
入院处	26	50	48	54
病床部分	322	454	770	912
手术部	44	58	88	96
放射科	—	—	36	36
理疗科	—	—	12	12
化验室	14	18	24	30
药房	20	24	30	36
病理解剖室	12	12	16	16
床位数（张）	30	50	80	100
行政办公室	68	80	94	100

事务及杂用	20	30	50	58
营养厨房	24	32	54	70
洗衣房	22	34	42	50
使用面积总计	711	948	1 487	1 728

二、村镇医疗空间选址

村镇各类医疗空间的布局通常是在村镇三级医疗卫生网统一规划之下进行的。选址时需要注意以下几个方面的问题：

（1）为了方便广大群众就医，村镇医院应选址在交通便利、人口相对集中的村镇。然而，还需避免过于靠近公路主干线，以免对交通和卫生产生不利影响。

（2）要便于做好疾病防治与环境卫生保护工作，充分满足医院自身的环境需求，防止出现医院污染环境等问题。因此，新建医院通常会布置在村镇边缘的地方，这样不仅方便与居住点的联系，而且还能保持适当的距离。同时，还需要便于污水和废物的处理。

（3）选址要求应选择地势较高、阳光充足、空气清新的地方，环境应安静优美。应位于牧场和畜牧区的上风处，并且需要设有特定的防护距离和绿化带。同时，还需考虑到村镇医院未来的发展方向和规模，并预留基本的发展用地。

三、医疗空间建筑构成与总平面布局

（一）医院建筑构成

村镇医院的建筑通常包括以下四个部分：

（1）医疗部分。主要包括门诊部、辅助医疗部、住院部等辅助建筑。

（2）总务供应部分。主要包括营养厨房、洗衣房和中草药制剂室等。

（3）行政管理用房。主要包括各种办公室等。

（4）职工生活部分。规模较大的单位应设立职工生活区。

（二）医疗空间总体布局原则

在医院总平面的布局过程中，需要根据功能关系合理安排医疗组成部分、总务供应和管理部分。具体要求包括以下几个方面：

（1）医疗部分应位于医院用地的中心位置，靠近主要出入口，方便内外交通连接。建筑物的布置通常需要有较好的朝向和自然通风条件，环境安静，并且还应位于厨房等一些烟尘污染源的上风方向。

（2）医疗区传染病病房应布局在其他医疗建筑与职工生活区的下风方向，并保持适当的距离，同时设置防护绿化带，并确保便于联系。传染病区不得靠近水域，以免污染范围扩大。

（3）放射治疗室的空间布局需要便于门诊和住院患者使用，同时还需与周围建筑物保持一定的安全距离。

（4）总务区与医疗区之间需要方便联系，同时需要注意厨房与烟尘对其他部分的干扰。

（5）太平间通常应设在医院较为隐蔽的位置，以避免干扰其他住院病人，并且通常需要设置直接对外的出入口。

（6）如果职工生活区设立在医院用地范围内，应与医院各部分用房有一定的分隔，不可混杂在一起。

（7）厕所宜集中设置，对于传染病患者应单独设置专用厕所，便于进行消毒处理。

（三）总平面布局形式

1．分散布局

这种布局在医疗和服务性用房方面通常采用分幢建造，其主要优点是功能分区合理，医院各类建筑物之间隔离良好，有利于朝向和通风的组织，并且便于结合地形分期建造。其缺点主要包括交通路线较长，各部分之间联系不便，增加了医护人员的往返路程；布置较为松散，占地面积较大，管线相对较长。

2．集中式布局

这种布局方式通常是将医疗空间中的各部分用房安排在一幢建筑物之内，其典型优点是内部联系十分方便、设备集中、便于管理、有利于综合治疗，占地面积较小，节约投资。其典型缺点是各部分之间的干扰不可避免，但在村镇卫生院中仍然被广泛采用。

■ 四、医疗建筑的分部规划

（一）门诊部规划要点

1．门诊部组成

村镇卫生院的门诊部科室一般包括以下几种房间：

（1）诊室。设有内科、外科、妇科、儿科、中医科等多个专科诊室或全科诊室。诊室设计需考虑患者的隐私和舒适度，通常配备诊疗床、听诊器、血压计等基本医疗设备。

（2）候诊室（或候诊区）。这是供患者等待就诊的区域，通常配备座椅、饮水机、电视等便利设施。候诊室的设计需要考虑患者的流量和舒适度，以及通风、采光等环境因素。在一些条件有限的卫生院，候诊区可能与诊室相邻，并通过软隔断进行简单分隔。

（3）治疗室。是对患者进行注射、换药、处置等治疗的房间。治疗室内通常配备有治疗床、注射台、药品柜等基本医疗设备。治疗室的设计需考虑医疗安全，确保治疗过程中的无菌操作和保护患者的隐私。

（4）药房。用于存放和发放药品的房间。药房内通常设有药品柜、发药窗口等设施，方便患者取药。药房的设计需考虑药品的储存条件和安全性，确保药品的质量和有效期。

（5）公共卫生服务室。提供卫生保健服务的房间，如健康教育、预防接种等。根据服务需求，可能设有健康信息管理室、计划生育服务室等辅助用房。

（6）其他辅助用房。如值班室、更衣室、卫生间等，为医护人员和患者提供必要的便利和保障。

此外，随着医疗技术的发展和服务需求的提升，一些村镇卫生院还可能设有检查室（如 X 光室、B 超室）、心电图室、康复训练室等辅助科室，以满足更全面的医疗服务需求。

2．门诊部规划要求

（1）门诊部的建筑层数大多为 1～2 层，当为两层时，应将患者就诊不便的科室或就诊人次较多的科室设于底层，如儿科、妇产科、急诊室等。

（2）应合理组织各科室的交通路线，防止出现人流拥挤，避免往返交叉。规模较大的中心卫生院在规划时，由于门诊量较大，有必要将门诊入口和住院入口分开设置。

（3）要有充足的候诊空间。候诊室与各科室之间以及辅助治疗区之间应保持紧密联系，路线应尽可能缩短。

3．诊室的规划要点

诊室是门诊部一个极为重要的组成部分，其规划是否合理，直接影响到门诊部的使用功能和经济效益。诊室的形状、面积，以及家具布置、医生的诊疗活动等，都与候诊区的设置存在直接关系。通常，卫生院在诊室使用方面习惯于合用诊室。一间诊室通常由一个科室的两位医生共用，或者由两个科室的几位医生合用。

当前村镇卫生院诊室比较常用的轴线尺寸为：开间分别为 3.0 米、3.3 米、3.6 米、3.9 米；进深为 3.0 米、3.6 米、4.2 米、4.5 米、4.8 米；层高为 3.0 米、3.3 米、3.6 米。比较常见的诊室平面布局如图 5-1 所示。

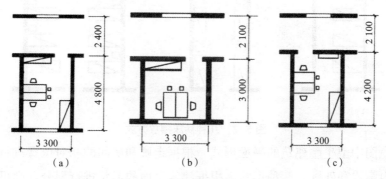

图 5-1　常见的诊室平面布局

（二）住院部设计要点

1. 住院部的组成

住院部由入院处、病房、卫生室、护士办公室及生活辅助用房等组成。其中，病房是住院部最重要的组成部分。

2. 病房的规划要点

病房应具备良好的朝向、充足的阳光、良好的通风及出色的隔音效果。

病房的大小和床位数之间存在密切的关系。目前，村镇医院的病房大多采用四人一间或六人一间的布局。随着现代经济的快速发展和条件的不断改善，可以更多地采用三人一间甚至两人一间的病房。此外，为了进一步提高治疗效果并避免患者之间的相互干扰，对于危重患者和需要特别护理的患者，也应该设立单人病房。

病房的床位数及常用的开间和进深尺寸可以参考表 5-4。

表 5-4　病房的床位数及常用开间、进深尺寸

病房规模	上限尺寸（米）	下限尺寸（米）
三人病房	3.3×60	3.3×5.1
六人病房	6.0×6.0	6.0×5.1

3．病房内床位布置形式

患者床位的最佳摆放方式是平行于外墙。这样不仅可以避免阳光的直射，还能让患者欣赏室外景观，舒缓心情。如果床位垂直于外墙，阳光直射可能会让患者感到不适。因此，较为科学的床位摆放方式是与外墙保持平行，如图5-2所示，展示了病床的几种摆放方式。

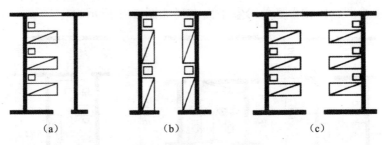

图5-2　几种病床摆放方式

示意图中卫生院建筑的平面形式，根据走廊和房间的相对位置进行划分，主要有内廊式和外廊式两种形式；根据建筑平面的形状进行划分，则可以分为"一"字形、"L"形、"工"字形等多种形式。

第二节　文化娱乐空间规划

一、村镇文化娱乐空间规划特点

村镇文化娱乐空间是党和政府对广大人民群众进行宣传教育、普及科学知识、举办综合性文化娱乐活动的重要场所，也是推动两个文明建设的重要组成部分。文化站的建筑通常具有以下几个基本特点：

（一）知识性和娱乐性

村镇文化的娱乐空间设施主要是为广大村镇居民提供知识普及、开展文娱活动及技术推广的场所，如文化站、图书馆、影剧院等。不同的文娱空间可以满足不同年龄、不同层次、不同兴趣爱好的人的心理需求，例如，茶座、棋室、阅览室、教室、表演厅等。

（二）艺术性和地方特色

文化站的建筑不仅要求功能布局合理，还要求造型活泼新颖、立面设计美观大方，并具有鲜明的地方特色。

（三）综合性和社会性

文化站的活动通常丰富多彩，并且向全社会开放。

二、村镇文化娱乐空间的组成和功能

村镇文化娱乐空间通常包括以下几个部分：

（1）入口和入口广场。

（2）表演用房。多功能影剧院、书场、茶座等。

（3）学习用房。包括大教室、小教室、阅览室等。

（4）各类活动室。棋牌室、游艺室、舞厅等。

（5）办公用房。行政办公用房及学术研究用房。

各个组成部分的功能关系如图 5-3 所示。

图 5-3　文化站空间布局

三、表演空间规划要点

影剧院通常是电影院和剧院的统称，属于表演用房。在此，我们重点讨论其组成及设计的一些要点。

（一）影剧院的组成与规模

影剧院的建筑构成，根据其基本功能的不同，可划分为以下几个组成部分：

（1）观众的用房部分。主要包括观众厅、休息厅或休息廊等区域。

（2）舞台部分。主要包括舞台、侧台及化妆室等区域。

（3）放映部分。通常布置在放映室、倒片室、配电室等场所。

（4）管理部分。通常用于管理办公室和宣传栏等。

附设于文化站建筑中的影剧院，其规模通常较小。根据观众厅的容纳人数，其规模分为500座、600座、800座、1 000座等多个档次。

（二）观众厅的规划

1. 观众厅规划的一般要求

观众厅的规划不仅要满足放映电影和小型文艺演出的基本需求，还应确保观众能够清晰地看到和听到。具体要求如下：

（1）视觉要求。为了确保观众厅中的每位观众都能看清舞台，观众厅必须设计在特定的坡度上，并且座位的排列应符合特定的技术要求。

（2）音质要求。音质的好坏通常取决于观众厅平面的形式、容积及装饰材料的声学性能。

（3）安全疏散要求。观众厅必须设有足够数量的出入口，以确保在正常使用和发生事故时，观众能够迅速撤离。

（4）通风换气要求。为了确保大厅内获得新鲜空气，必须配备通风设施。

（5）电气照明要求。特别是在舞台灯光照明方面，必须确保符合特定的效果。

2. 观众厅设计参数与平面形状

村镇影剧院通常设有观众厅，常见的是单层结构，标准相对较低，造价低廉，受力合理，构造简单，施工方便。

观众厅的大小可以按平均每座计算，面积可以按平均每座3.5～5平方米计算，观众厅的平面宽度与长度之比为1：1.5～1：1.8。

关于矩形观众厅的规划和尺寸，请参见表5-5。

表5-5　常见观众厅平面尺寸参考

规模类型（座）	宽度（米）	长度（米）	宽度比
500	15	24	1：1.6
600	15	27	1：1.8
800	18	30	1：1.67
1 000	21	33	1：1.57

观众厅的平面形状通常规划为矩形、梯形和钟形等，如图5-4所示。村镇

大多采用矩形平面，这种形式体型简单、施工方便，且声音分布相对均匀，适合在中小型影剧院中使用。

图 5-4　观众厅的平面形状

3. 观众厅的剖面形式

村镇影剧院的观众厅通常不设挑台楼座，因此吊顶不应设计得过高，以避免浪费。应严格控制每个座位的建筑体积指标，以防止混响时间过长导致声音不清晰。村镇影剧院观众厅的顶棚高度一般宜为 3.5～8 米为宜。吊顶的剖面可以根据声线反射原理进行规划设计，做成折线或曲线形状。此外，为了进一步增强观众厅的音响效果，常在台口附近设计带有反射斜面的吊顶，如图 5-5 所示。

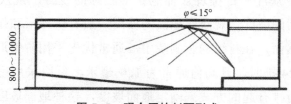

图 5-5　观众厅的剖面形式

斜面顶棚与水平面的夹角宜小于或等于舞台上方的夹角。为了安装吊杆与顶棚，通常应高于观众厅。应以放映电影为主要用途进行规划，尽可能降低舞台高度，以降低工程造价。

4. 舞台的设计

一般用的舞台形式均为箱形，由基本台、侧台、台唇、舞台上空设备及台仓所组成。舞台的有关尺寸如下：

（1）舞台口的高宽比可以采用 1：1.5，高度可以为 5～8 米，宽度可以为 8～12 米。

（2）台深通常为台口宽度的 1.5 倍，建议采用 8～12 米。

（3）台宽通常为台口宽度的 2 倍，可以在 10～16 米之间选择。

（4）台唇的宽度范围是 1～2 米。

舞台通常分为双侧台和单侧台，如图 5-6 所示。

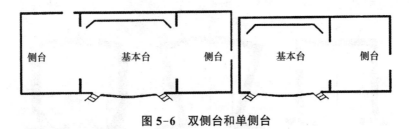

图 5-6　双侧台和单侧台

5．观众厅疏散和出入口规划

按照防火规范要求，村镇影剧院的安全出入口数量不得少于两个。当观众厅的容纳人数不超过 2 000 人时，每个安全出口的平均疏散人数也不应超过 250 人。观众厅内疏散走道的宽度，应按照每 100 人不小于 0.6 米进行计算，但最小宽度应大于 1 米。在进行疏散走道布局时，横向走道间的座位排数通常不应超过 20 排。纵向走道间的座位数每排不应超过 18 个，并且要求横向走道正对疏散出口，这才是最佳的布局方式。

6．观众厅的视觉设计

为了保证观众厅中每位观众都能获得较好的视野，观众厅的地面通常设计成前低后高的坡度。观众厅地面的坡度一般有阶梯形和弧线形两种，如图 5-7 所示。然而，在村镇的影剧院中，通常优先采用阶梯形设计。当观众厅的排数少于 24 排时，升高值通常为 120 毫米，可以采用逐排升起、隔排升起或者每隔两排升起的方式来确定地面坡度，这种地面坡度的变化通常在 1：2.6 ～ 1：8.7 之间。除了上述方法，还可以采用图解法来设计地面坡度。

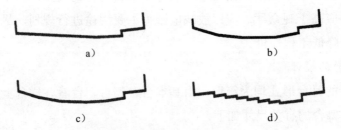

图 5-7　不同的地面坡度形式

■ 四、文化站的平面布局

文化站的布局通常分为两种不同的方式。

（一）集中式布置

主要是将表演用房、娱乐活动用房、学习用房等多种功能布置在同一幢建筑中。这种布局功能非常紧凑，在北方也非常有利于节约能源，空间往往富有变化，建筑的造型更是丰富多样。但需要注意的是，各功能之间可能存在一定的干扰，特别是观众厅和舞厅对其他用房可能产生的影响，应充分重视并采取措施予以解决。

（二）分散式布局

主要是将表演用房、舞厅等一些非常吵闹的区域独立设置。这种布局方式可以在很大程度上减少各部分之间的相互影响，也可以根据经济状况进行分期建设，但在联系和管理方面却存在很大不便。

第三节 商业空间设施规划

一、村镇商业建筑的类型

村镇的商业空间是村民进行商业活动的重要场所，通常可以分为以下两类：

（一）集贸市场建筑空间

集贸市场是近年来发展迅速的一种商业空间形式。它通常是个体性质，根据商品品种的不同，大致可以分为两大类：一是农贸市场。这类市场中的商品大多为农民自家生产的产品，通常包括蔬菜、水产、肉类、蛋禽等。二是小商品市场。小商品市场除了销售从城市购进的商品，如服装、鞋帽等外，还有大量的地方民间工艺品。集贸市场常常是对村镇小型商店的有力补充，由于其经营灵活、便利，营业时间较长，因此深受居民欢迎，并具有广阔的发展前景。

（二）小型超市建筑空间

在一些乡镇或村庄的交通要道上，通常会开设一个小型超市。超市的商品必须齐全，通常包括家居日常用品、烟酒和副食品等常见商品。

二、小商场规划设计

（一）小商场组成

小商场通常由入口广场、营业厅、库房及行政办公用房等多个部分组成，其功能关系一般如图 5-8 所示。

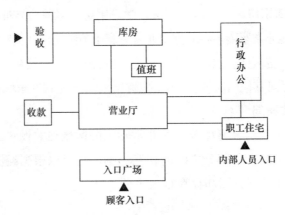

图 5-8 小商品超市功能关系

（二）小商场各部分规划要点

1. 营业厅设计

营业厅通常是商场的主要使用空间，设计时必须合理安排各种设施，并妥善处理空间，以创造良好的商业氛围。对于销售量较大、选择性较弱的商品，如食品和日用小百货，应分别布局在营业厅的底层并靠近入口位置，以方便顾客购买；而选择性强且较为贵重的商品应设置在人流较少的区域。体积大而重的商品应布置在底层。对于有连带关系的商品，应相邻设置。营业厅与库房之间的距离要尽量缩短，以便于管理。营业厅的交通流线设计要合理，避免人流过于拥挤，尤其要确保顾客流线不与商品运输流线交叉。如果营业厅与其他用房如宿舍合建在一栋建筑内，则应采取适当的分隔措施，以确保营业厅的安全。小商店一般不设室内厕所，营业厅的地面装饰材料应选择耐磨、不易起尘、防滑、防潮且装饰性强的材料。营业厅应具备良好的采光和通风条件。

营业厅不宜过于狭长，以免在营业高峰期间滞留过多顾客。营业厅的开间通常采用 3.6～4.2 米。如果楼上设有办公室或宿舍，底层营业厅中设有柱子，此时柱子的网格尺寸既要符合结构受力的要求，又要有利于营业厅内柜台的布置。营业厅的层高一般为 3.6～4.2 米。

营业厅中柜台的布置是一个关键环节。营业员在柜台内的活动宽度一般不小于 2 米，其中柜台宽度为 600 毫米，营业员走道为 800 毫米，货架或货柜宽度为 600 毫米；顾客的活动宽度一般不小于 3 米。这两个参数是营业厅柜台布置的基本数据。柜台的布置方式一般有以下几种情况：

（1）单面布置柜台。柜台靠近一侧外墙，另一侧为顾客活动空间，如图 5-9 所示。

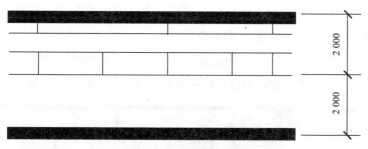

图 5-9 单面布置柜台

（2）双面布置柜台。柜台靠两侧外墙布置，顾客通道在中间。这种布置方式需要考虑采光窗与货柜的相互关系，如图 5-10 所示。

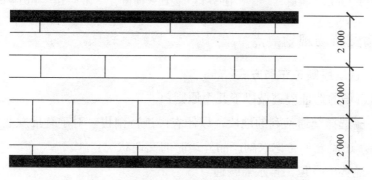

图 5-10 双面布置柜台

（3）中间或岛式布置柜台。柜台布置在中间位置，可以很好地利用室内空间和自然光线，布局也相对较为灵活，非常适合当前的村镇设计，如图 5-11 所示。

2. 橱窗的设计要点

橱窗通常是商业建筑的独特标志，也是用于展示商品的空间，其数量应当适中。橱窗的大小通常会根据商店的性质、规模、位置及建筑结构等因素来确定。出于安全考虑，橱窗玻璃的面积不宜过大。

橱窗通常具有以下几种剖面形式：

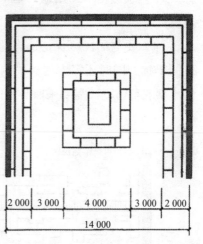

图 5-11 中间布置柜台

（1）外凸式橱窗。这种橱窗的内墙与主体建筑的外墙重合。其典型优点是橱窗不占用室内面积，但其结构非常复杂，并且橱窗的顶部需要进行防水处理规划，如图 5-12 所示。

（2）内凹式橱窗。即橱窗完全设置于室内。其优点是设计较为简单，但会占用室内的有效面积，如图 5-13 所示。

（3）半凸半凹式橱窗。这种橱窗设置在主体建筑的外墙上，向室内外都有凸出，是村镇商业建筑中较为常用的一种橱窗形式，如图 5-14 所示。

图 5-12　外凸式橱窗　　　图 5-13　内凹式橱窗　　　图 5-14　半凸半凹窗式橱窗

三、集贸市场规划要点

（一）选址原则与布局方式

农贸市场的选址应遵循以下几个原则：

（1）应选择交通便利的地段，以便农民进行销售。对于有批发业务的大型农贸市场，还需充分考虑农副产品外运时的交通状况。

（2）地势应平坦，排水需畅通。

（3）应遵循节约用地的基本原则，尽可能利用荒地、缓坡地段及集镇零星地块。

（4）要与居民区保持适当的距离，以尽量减少农贸市场带来的噪音对居民区的干扰，同时还需方便居民的日常生活，不能相隔太远。对于建在居民区中的小型农贸市场，需要采取必要的隔离措施，以保证居住环境的安静（图 5-15）。

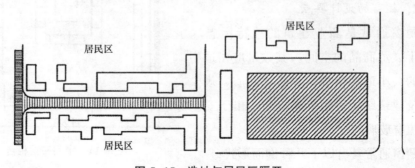

图 5-15　选址与居民区隔开

（二）农贸市场的组成与功能关系

农贸市场一般由以下几个部分组成：

（1）摊位。主要包括各种类型的摊位，如肉类、蛋禽类、水果类、蔬菜类等，这是农贸市场最重要的组成部分之一。

（2）市场管理办公室。

（3）入口广场：主要包括自行车、平板车及其他交通工具的停放场地。

（4）垃圾处理站。

各部分所具备的功能关系如图 5-16 所示。

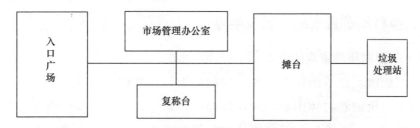

图 5-16　农贸市场各部分所具备的功能

■ 四、小型超市规划

村镇小型超市主要出售食品和百货，是一种综合性的自选形式商店。小型超市的商品布置和陈列要充分考虑到顾客能够全面浏览所有商品。营业厅的入口应设在人流量较大的一侧，通常入口较宽，而出口相对较窄。根据出入口的设置，设计顾客的流动方向，以保持通道畅通。

小型超市的出入口必须分开，通道宽度一般应大于 1.5 米，服务范围应包括出入口。有条件的营业厅在出口处应设置自动收银机，每 500 ～ 600 人设一台。在入口处要放置篮筐和小推车供顾客使用，其数量一般为入店顾客数的 1/10 ～ 3/10。

第六章 乡村振兴背景下旅游景观规划设计与应用

第一节 乡村旅游景观设计的基本理论

一、乡村旅游景观的内涵及特点

（一）乡村旅游景观的内涵

乡村旅游是在不破坏生态环境的前提下，以乡村的自然和人文景观为载体，基于传统的农村休闲游和农业体验游，通过艺术设计和科技开发，拓展出具有休闲娱乐、养生度假、康体健身等功能的新兴旅游方式。此外，乡村旅游还通过景观设计、旅游产品开发和服务质量提升，吸引游客前来休闲游玩，使人们体验传统乡村独特的田园生活，感受大自然的馈赠，学习历史人文知识，进而更加热爱自然、文化和乡村，并更加注重保护乡村文化和生态环境。

乡村景观是一个完整的空间结构体系，包括乡村聚落空间、生态空间、经济空间、社会空间和人文空间。这些空间既相互联系，又相互区别，展现出不同的旅游价值。乡村景观具有多样性、生态性和美观性等特征，这些特征促进了乡村旅游的开发和发展，为乡村旅游提供了必要的休闲度假环境，是乡村旅游发展的基础。反过来，乡村旅游对乡村景观资源的开发和保护也具有巨大的促进作用，二者协调发展、共同进步。

乡村旅游景观是指在乡村环境中，因地域差异和季节变化而吸引游客前来观赏和体验的景观资源，包括自然资源和人文资源。此外，乡村旅游景观还指以乡村旅游区域内的自然景观、乡村景观和人文景观为基础（自然景观包括生态植物、地形地貌、自然水系等；乡村景观包括村落景观、农田景观等；人文景观涵盖社会、经济、文化、习俗等主题的景观），以保护这些景观资源为前提，以挖掘乡村景观的综合效益为目标，通过精心规划、合理开发和创新设计，营造供人们休闲娱乐、度假养生的自然生态景观。

（二）乡村旅游景观的特点

1．生态性和完整性

乡村旅游的生态性主要体现在两个方面：一是乡村旅游区的建设设施一般采用天然的木、竹、石、砖等环保材料，环境的营造也尽量考虑青山绿水、植树造林、合理建设等因素。二是游客的行为具有自然性，例如在爬山、游泳、滑雪等旅游活动中，使游客感受到回归大自然的轻松与自由，享受亲临自然的乐趣。这些活动为游客提供了一个休闲养生的绿色生态场所。保持生态系统的完整性是维持可持续发展的根本。生态系统的完整性包括生物多样性、植被的连续性及空间结构的完整性等。

2．乡土性和多样性

景观的乡土性是乡村旅游中最基本的特征，体现了乡村独有的田园风格和质朴的韵味。乡土性同时具有地域性，展现了地方特有的景观或文化，地方标识性较强。例如，成都的"农家乐"以川西坝子特有的民俗风情和巴蜀文化为依托，展现了浓郁的川味特色；而山东长岛县的渔家乐则以"海鲜"和"渔民生活"为特色，为游客提供了体验渔民生活的机会。由于文化和自然景观资源的多样性，乡村旅游景观也因此呈现多样化。通过利用风景如画的乡村风光、丰富多彩的民俗风情、充满趣味的乡土文化、各具特色的乡村民居建筑，以及独具趣味的乡村传统劳作方式等资源，打造出具有地方特色的景观。

3．美观性和参与性

乡村旅游景观首先旨在为当地居民和游客提供一个良好的居住和休闲环境，因此在规划设计时必须遵循美观性原则，打造优美、舒适、宁静的乡村田园风光。无论是植物的种植，还是建筑的布局，都应基于美学原则进行设计，以提供美观的休闲场所为目标。乡村旅游景观具有参与性，例如，游客可以在休闲农场进行下棋、品茶、观光等娱乐活动，还可以在垂钓俱乐部的水库、湖泊、鱼塘垂钓，或在绿色生态跑马场进行运动锻炼，或者在森林公园中修身养性。

4．服务性和完整性

乡村旅游景观旨在为居民和游客的生活与娱乐提供服务，因此必须满足他们的需求。在交通、住宿、饮食、娱乐和购物等方面，要全面考虑，兼顾未来发展，完善配套设施，提高景区服务质量，为游客提供一个便利、舒适的环境。例如，游客服务中心应设有咨询中心、购票中心、休息区和医疗中心等。在配套设施方面，应包括生态厕所、垃圾桶、电话亭、餐饮部、休闲座椅、茶室和停车场等，确保服务设施齐全。

5．生产性和可持续性

乡村旅游不同于其他旅游区的地方在于其具有生产性，这是乡村旅游的一大优势。乡村旅游通过农业结构调整，打造农业观光、果园采摘、动物养殖园参观、特色产品科技园等项目，既可以让游客体验农趣，又能提高农业经济收入，充分体现其生产性。乡村旅游景观的可持续性是整个生态系统可持续性的重点，是乡村可持续发展的基础，是人们生活可持续发展的根本保障。

二、乡村旅游景观设计的原则

（一）坚持以农民和游客的需求为核心

乡村村落是农民日常生活的基本场所，对居民具有不可替代的重要意义。因此，在乡村景观的规划、建设和改造过程中，应尽量确保农民的生活环境和生活方式不受到破坏和影响。乡村旅游景观设计应体现"以人为本"的理念，坚持以农民和游客的需求为核心，针对游客的兴趣和需求，进行景观的建设和改造，以满足游客的生理和心理需求，从而优化乡村人居环境，提高乡村居民的生活质量和乡村服务水平。

（二）保持村落的传统特色，避免"城市化"

传统村落景观具有乡村的自然特色和长期发展形成的文化特色，是乡村旅游景观的灵魂所在，是吸引游客的重要因素，也是传承传统文化的载体。因此，在景观规划过程中，一定要保护传统村落景观的独特性和差异性。在乡村旅游景观建设中，越来越多的规划效仿城市景观，导致传统村落丧失了自身景观特色，破坏了乡村原有的自然生态和传统历史风貌。因此，要尽量避免乡村旅游景观的"城市化"。

（三）保持自然景观的完整性和多样性

乡村自然景观类型多样，是乡村的自然遗产。自然景观的完整性和多样性是生物正常生活的前提，是维持生物多样性的载体。保持自然景观的完整性和多样性，是生态可持续发展的重要措施，也是乡村旅游景观规划中的重要原则。

（四）深度挖掘乡土文化，重视文化传承

乡村文化的继承性是其得以保存的根本。文化资源的独特性是促进乡村旅游发展的重要动力，也是旅游区发展的显著优势。在乡村旅游景观的建设过程中，必须高度重视地域文化、历史文化和民族文化的挖掘与传承，并采取一系列措施有效保护一些历史遗址、民族文化和民族精神，避免乡土文化被破坏或流失。同时，应防止建设中出现盲目跟风的现象，以保证乡村的可持续发展。

三、乡村旅游景观设计的要素

（一）乡村建筑

建筑的设计要充分考虑与环境的协调统一。旅游区内的建筑环境设计，除了满足自身的使用功能，建筑本身也要作为一个风景要素进行考虑，使其与周围的环境、地形地貌相融合，构成和谐统一、环境优美的景观。不同地方的民族文化和特色各有不同，建筑应按照协调统一的原则进行设计，保持地方特色。乡村建筑首先要突出乡土性，乡土建筑的风格包括以下四个方面：

1. 古建筑遗址类

许多旅游区保留了古代遗留下来的古建筑遗址，这些是人类的文化遗产。旅游区中的古代建筑以宋、明、清时期的建筑为主。在保留原有古建筑的基础上，对其他可保留的建筑进行改造或仿古重建，使其风格统一；对于不能进行改造或重建的建筑，则进行拆除，并因地制宜，设计成其他形式的景观。

2. 传统民居类

民居最具乡土气息。地方民居经过千百年的演变，是具有鲜明地域特征的建筑，是乡土文化中的重要组成部分。在规划设计中，一定要加强对当地传统民居的保护。我国传统民居根据地理位置的不同，各具特色，主要分为干栏式民居、西南汉风坊院、金门民居、土楼民居、徽派民居、开平碉楼、围拢屋、藏族碉房、窑洞民居、合院式民居、水乡民居、阿里旺民居等。

3. 现代别墅类

乡村别墅是一种较为现代的建筑，其内部设施高档，服务舒适，但仍需突出乡村气息。例如，托斯卡纳风格的乡村别墅通过材料的选择和植物的精心布置，营造出质朴幽雅的乡村环境；而法国乡村别墅则体现了一种浪漫的田园生

活。乡村别墅的选址尤为重要，应依托水源、植被和地形等元素，打造出美好的田园生活意境。

4．特色体验类

特色体验类乡村旅舍通常采用原木和石块建造舒适安全的小屋。其建筑外形独特，一般为单层建筑，类型包括少数民族体验类和自然生态体验类等。自然生态体验类建筑以森林小屋为代表。森林小屋的外部装饰原始，通过特色装饰，如狼皮、鹿头（装饰物）、猎枪、猎刀、绳索等，营造一种独特的氛围。

（二）道路场地

便利的交通是乡村旅游成功运营的重要因素，也是乡村景观设计的关键环节。乡村旅游的交通建设应确保游客能自由顺畅地通行，并为他们提供有趣的体验和感官享受。交通建设应重点关注以下几项内容：

1．景观大道的设计

景观大道的设计不仅仅是简单地种植几棵行道树和植物组团而已，还应该依托地理环境并结合旅游区的地形地貌设计景观大道。景观廊道应注意和周边建筑植被结构保持一致性，以保证整体环境的和谐统一。在选择线路时，应避开旅游区内的生态脆弱区，尽量利用现有的自然路线进行景观大道的设计，尤其要考虑保存与道路相邻的农田和路旁林地。在乡村聚落和公路之间建立一个林带缓冲区，在进入村庄的入口处建设低密度的保护性开放景观。

2．游步道的设计

游步道的设计，首先要考虑安全因素；其次，要根据场地和空间的大小设计游步道的尺寸，一般为 0.5～3 米；再次，要与周边的植物、铺装、水池、喷泉、景观小品等景致紧密结合，形成协调统一的景观整体；最后，要考虑适当的坡度，并使用具有耐久性和防滑性的表面装饰材料。

在道路铺装材料的选择方面，应尽量使用木头、石板等材料。遵循因地制宜的原则，选择适合当地风格和风貌的铺装材料。此外，还需考虑就地取材、颜色搭配及铺装图案在选材中的应用。施工完成后，还要注重对其进行保护和管理，避免人为破坏。

3．坡道与台阶

坡道的设置限制比阶梯要少，斜率在 5% 以下的人行步道更适合步行。当地面高差较大、空间较小时，通常设计阶梯，而非步道。一般情况下，阶梯的最小宽度不应少于 1.2 米，其宽度应大于人行道的宽度。阶梯通常设置在三个台阶以上，因为单个台阶游客容易忽视导致踩空摔倒。此外，户外阶梯的高度应为 14～16 厘米，若斜率超过 5%，则需考虑特殊设计。

4. 场地空间大小

不同的人类行为需要不同的活动空间。场地的设计应根据实际情况和游客的需求来确定空间的大小，并结合植物和小品，打造具有主题性、功能性和美观性的场所。此外，还需充分考虑行走空间的大小，例如，两人并行时的最小面积应为每人 1.2 平方米。如果小于这一数值，行人在移动时在心理上容易产生压迫感，从而对景观空间产生排斥。

（三）植物配置

植物是生态建设和乡村景观规划的基石，在景观中具有极其重要的作用。植物是体现自然的首要因素，是保障乡村景观质量和维系乡村生态系统的基础。在乡村旅游区中，河流、道路两旁，建筑物前一般种植观赏性花木；屋后通常种植遮阳性大树。在庭院绿化中，一般选择易成活、易于管理的当地树种。在植物的规划设计中，应充分考虑采光的需要，并通过灌溉设施的建设，营造乡村旅游休闲、舒适、静谧的氛围。还可以将生产性的果树与园林树种相结合，既具有观赏性，又具有经济价值。乡村旅游区中植物配置一般要遵循以下几个原则：

1. 生态保护原则

乡村旅游区植物配置应遵循生态保护原则。保护生态的第一原则是不改变和不破坏现有地区的整体植被的自然状态，同时结合部分改造和培育的植被，最终达到生态保护与景观改造的目的。景观规划应做到景点、景区、环境和背景之间的美观协调，充分满足游客的视觉需求，实现观景价值的最大化。

2. 乡土树种优先原则

乡土树种的种植是实现生态平衡的最佳手段。因此，可以根据该区域的植物种类，以原有的乡土树种为主，根据植物的特性进行分类，选取所需的植物种类，并规划其种植的位置、规模及保育措施。

3. 植物群落特征化原则

充分考虑不同种类植物的特性（包括观赏性、花期、果期、习性等），合理搭配植被的层级、林相、观赏的季节性及维护成本等，确定植被种类的选择与后期保养措施。植物配置要做到四季有景，春夏秋冬各具特色。变换的植物景观可以提醒村民节气的变化，在劳作阶段可以利用垂直绿化，丰富种植形式，同时形成色调和感觉各异的绮丽风景。

（四）景观小品

乡村旅游游乐活动需要配备一定的设施，主要包括以下四类：

1. 服务设施

服务设施包括休息亭、桌椅、烧烤设施、观景台等。其中，休息亭是为游客提供短暂休息的场所，具有遮阳和避雨的基本功能。休息亭的建设需要一定费用，为了节约成本，应就地取材，多使用自然材料，材质以乡土木材为主，与乡村旅游的自然景观特色相协调。休息亭的选址应兼顾观景功能，通常位于位置较为明显、视野开阔的地方。休闲桌椅是游乐活动中必备的休息设施。配置桌椅时，要妥善考虑外观、摆设和材质。外观设计上，桌椅的高度、宽度、靠背等都应该有适当的尺寸。一般座椅的平均高度约为46厘米，宽度为30～46厘米，靠背的表面应贴合人体曲线。材质选择上，桌椅的材料应以木质为主，表面经过打磨、防腐、防水等处理，使座位舒适，经久耐用。桌椅表面的颜色应与游览区内的自然景观相协调，避免突兀。

2. 装饰设施

装饰设施包括雕塑、铺装、景墙、栏杆和墙面图案等。其中，雕塑设计应突出主题，设计理念要新颖且富有个性；铺装和景墙的设计要注重样式，应融入乡村田园元素；其他装饰设施在设计时要充分考虑材料的选择。

3. 照明设施

照明设施包括路灯、广场灯、庭院灯、景观灯、草坪灯、射树灯、地埋灯、水下灯、柱头灯等。灯具可以采用太阳能等低碳无污染能源，倡导绿色生态。不同的灯有不同的设计原则，如路灯之间的灯距应根据道路的宽度来选择，草坪灯根据草坪和周围环境确定高度和风格，射树灯根据树的大小和叶片色彩来选择灯具的光照度和灯光颜色等。

4. 标识设施

遵循人性化、美观化、规范化和系统化的设计原则，完善标识系统，为游客提供清晰明了的指引。标识设施包括全景标识、指路标识、景点标识、警示标识、服务标识、导览图、便携式解说系统、音像制品解说系统等。

（五）农业景观规划

农业景观包括农田、耕地、林地、农场、牧场、鱼塘以及村庄和道路等要素，是在人类对自然景观进行改造的基础上形成的，具有自然生态结构和人为特征。理想的农业景观规划不仅应具备农业的基本生产功能，还能维持生态环境平衡，提高经济效益，同时具备作为旅游观光资源促进旅游业发展的功能。农业景观规划主要包括以下三种：

1．现代农业规划

在农业生产实践中，通过应用现代农业技术和农业工程，引入高科技和大规模规划管理，提高土地生产率和农业生产效率，促进农村各产业蓬勃发展。这不仅有助于解决如耕地减少、土壤退化和水土流失等农业资源与环境问题，还提高了景观的观赏性。

2．特色农业规划

根据旅游项目所在地的特色农业，如特色蔬菜、花卉或珍贵药材等，进行专门研究，利用高科技建立特色农业研发中心。通过引进、消化、吸收和再创新众多新品种和新技术，不断创造"奇迹"，使技术处于国际最前沿，从而形成强大的客源市场。

3．生态循环农业规划

在农业规划中，应致力于将有机农业与有机堆肥制作相结合，有效利用太阳能和风能等环保型能源和发酵处理后的家畜粪便、生活污泥等有机资源，从而构建生态循环农业系统。

对现有的农村自然资源和景观进行合理的规划设计，同时融入旅游观赏、生态产业、农业体验和乡村民俗等元素，在总体布局上优化景观格局，并改善景观内部的生态条件。这样既能保持自然植被斑块的完整性，又能充分发挥其生态功能。这是农业景观规划的一种发展趋势。

（六）乡村水域

乡村旅游区的水域景观包括大量自然水域和生产性人工水体。自然水域包括流经乡村的小溪、河流、湖泊等，人工水体主要有池塘、水库等。乡村水体的设计要结合地形和植物的品种进行景观创造。在设计时要以安全为第一原则，配备灯具、环卫设施，形成优美的生态景观，充分展示自然风格，同时注意保护水体不受污染。

乡村水景的设计主要从生态和功能两个方面来活化水景。生态活化主要是促进水体和陆地之间的物质交换，重点考虑水景的驳岸处理方式，包括草坡入水驳岸、水生植物驳岸、人工驳岸和石块驳岸等。通常利用石材、草坡、水生植物等，并结合土壤生物工程技术，使水景驳岸展现出良好的自然风貌。功能活化主要体现在水景的乡土性功能和休闲体验功能。小型塘堰可以改造为观赏水池、养鱼池、戏水池等，供人们观赏、垂钓、游乐、休憩等；沟渠和水库可以结合植物和亲水平台的设计，为游客提供休息和观赏的场所。

（七）地形

整体景观的打造要依托于地理大背景。无论是道路景观、水域景观、田园景观，还是村落景观，它们的规划设计都是以地形地貌为背景进行的。

1. 山地、丘陵乡村旅游区

山地和丘陵的乡村旅游区以山体地被景观、果园景观及农田景观为主。需要对山地原有的生态林带进行保护，在此基础上梳理山上的植物，使其形成层次丰富、色彩绚丽的风景屏障。

2. 平原和盆地乡村旅游区

平原和盆地旅游区地势相对平坦，以农业生产和生态保护为主，包括农田景观、果园景观和防护林景观等。可以利用大面积的果园景观或农业种植，采用大尺度艺术手法，建设与建筑相映成趣、视野开阔、视觉效果震撼的大地艺术景观。同时，要注重主体景观的打造，使其成为景区的点睛之笔。

3. 拥有独特地貌的乡村旅游区

拥有独特地貌的乡村旅游区的开发，应结合农业、道路、建筑、植物、水系等进行综合规划，充分利用其独特的地貌资源，形成具有吸引力的旅游产品。

第二节 乡村旅游景观规划设计的内容与方法

一、乡村旅游景观规划设计的内容

（一）乡村旅游景观空间的构建

1. 乡村旅游景观空间系统的组成

（1）乡村开放空间系统。对于乡村开放空间系统，笔者的理解是：在乡村地区，为居民或游客提供生活或旅游服务的人造或天然的室外开放空间，包括乡村农田、乡村街道与广场、因宅基地转移而形成的闲置活动场所等。从广义上讲，乡村开放空间是指基本没有被人工构筑物占据的区域。从显性角度看，开放空间通常是狭义的概念，指在乡村地区从游客或居民的视角所能感受到的开放空间；从隐性角度看，乡村开放空间指在乡村地区以无限广域视角凸显的完全开放的空间，包括天空和地面开放空间。

（2）乡村绿地空间系统。乡村绿地空间是指由乡村中各种类型和规模的绿地组成的整体。其分布方式通常要求均匀布置，结合乡村地区的地形特点，采取点、线、面相结合的方式将乡村绿地有效连接，形成整体绿地系统。点，指的是面积较小的绿地；线，指的是道路绿地、水域两侧的河岸绿地等；面，指的是公园绿地、风景区绿地等。本书将其他用地归类为绿地空间系统，包括耕地、园地、林地、牧草地和闲置地。

（3）乡村水系统。乡村水系统包括江河、湖泊、水库、沟渠、池塘等水域。乡村旅游景观水系统是在此基础上，丰富了乡村水系统的功能。乡村旅游景观水系统的含义包括两个方面：一是指水系统本身；二是指由乡村水域形成的供游客接近的滨水开放空间，如农业水景观空间、渔业水景观空间、娱乐水景观空间等。随着乡村水系统的开发，其功能扩展到旅游景观、自然水资源保护、乡村记忆等多种综合功能。只有将水资源的保护与利用结合起来，才能使乡村具有可持续的景观价值与独特的景观特质。

（4）乡村旅游景观人工设计系统。乡村旅游景观人工设计系统是专为旅游者设计的旅游设施系统。这些乡村旅游景观设施遵循多功能、多效益的原则，同时也是乡村旅游景观设计的重要组成部分。尽管它们是最低层次的子系统，但仍然是关键的子系统，并且对其级系统的各个方面都有影响。

2．乡村旅游景观空间系统的层次

（1）空间。从乡村旅游景观的空间角度来看，可以将其划分为总体格局景观、功能分区布局景观和旅游项目景观。其中，功能分区布局景观包括点、线、面景观，旅游项目景观则涵盖微景观、乡村街道与房屋风貌景观、游客与项目互动景观等。

总格局景观通常由当地的自然条件与人文积淀所决定，也是一个地区乡村旅游景观的发展方向。总格局景观指的是乡村地区旅游景观的整体，包括乡村山水格局、地理景观及生态循环格局景观。

功能分区布局景观是指根据地域资源特征及分区划分而形成的乡村旅游布局景观。布局景观体现了乡村旅游景观元素的"点、线、面"组合方式及内容，乡村空间与"点、线、面"的完美组合也反映了乡村地区的整体精神与物质文化面貌。这两种景观有着深刻的联系：总格局景观决定并指导着功能分区布局景观，而功能分区布局景观往往反映出总格局景观的全貌，即功能分区布局景观组成了总格局景观。

旅游项目景观是乡村旅游最具特色的标志性元素。其中，乡村街道景观和房屋风貌景观是乡村旅游景观的重要载体，它们体现了乡村地区丰富而深刻的地域文化内涵。每个地区都有其独特的街道景观和房屋风貌，这些景观体现了地域旅游价值，是乡村旅游景观的核心要素。根据其性质，旅游项目景观可分为乡村民居建筑风貌景观、乡村商业街道景观、大地景观、旅游设施景观及微景观等。旅游设施景观与微景观是与游客互动最密切的景观要素，它们与游客的旅游活动息息相关，直接影响游客对乡村旅游景观的体验和评价。

（2）生态关系。①乡村景观生态系统的内部层次。乡村景观作为生态系统中能量与物质循环的载体，是乡村生态系统的一部分，是维持生态稳定的必要条件。从乡村景观系统的角度来看，内部层次包括"绿、土、蓝、白、物"等元素，"绿"代表植物系统，"土"代表土地和土壤系统，"蓝"代表地表水和地下水系统，"白"代表大气环境系统，"物"代表动物系统。②系统与外部关系的层次。乡村景观系统隶属于乡村生态系统。乡村旅游景观系统与外部生态系统共同组成一个完整而稳定的乡村生态系统，乡村生态系统决定了乡村景观系统的特征。③人与生态的层次。人，包括本地人和游客。外来人所携带的信息潜移默化地影响着乡村地域文化。需要运用社会学、心理学、景观规划学等理论对人与生态的关系进行研究，以有效地利用与保护乡村生态环境，维护乡村旅游景观的独特性。

乡村景观生态系统作为乡村生态系统的一部分，彼此之间相互影响。

3．乡村旅游景观空间系统的内容表达

从乡村旅游的角度来看，挖掘乡村特色元素是构建乡村旅游景观空间系统的关键。独具特色的乡村景观往往是游客出游的驱动力。如何根据乡村旅游景观的特点，科学直观地构建景观空间系统是一大难题。杜春兰将城市形态特征总结为"轴、核、群、架、皮"五个方面，学者们创新地将人文环境的"制、魂"加入其中，概括出景观空间的内容。笔者结合乡村旅游景观的特征，从空间形态上将乡村旅游景观要素概括为"点、线、面",并补充软环境"制、魂",从而构建起乡村旅游景观空间系统。

（1）点。在乡村旅游的空间形态中,"点"具体表现为乡村地区的中心景观、经济发展极点、文化中心或政治中心、乡村旅游景观节点及景观生态核心等。通过对乡村地区的实地调研发现,随着闲散土地和宅基地置换政策的推进,乡村地区的集聚效应日益明显,主要体现在政府招标企业式农业基地（如农作物大棚基地、渔业基地、科技农业基地等）合作模式的空间集中、闲散土地的高效利用集中、乡村本土文化的地域集中等方面,从而形成了乡村的经济带动中心和文化影响中心。景观生态核心区是指景观生态的核心保护区,对生态核心的保护和维持乡村生态稳定起着重要作用。

（2）线。在乡村旅游的空间形态中,"线"具体表现为旅游交通线、景观廊道、景观水渠、游览线、景观视线轴等。杜春兰认为,线性可以表现为显性轴、隐性轴以及心理指向轴、视觉指向轴等。本书以功能为标准,将其分为连接线、生态线、供水线、视觉线和游览线等。连接线是指连接两地的交通线,具有心理指向性和视觉指向性,可以根据地形分为平原线、山地线及复合线;生态线指的是景观生态廊道,具有传递生态信息、保障生态多样性、增强景观视觉效果等作用;从软硬基质上可以分为河流景观廊道和道路景观廊道;供水线指的是乡村特色水渠及灌溉水沟,具有增强景观视觉效果和维持正常生产等作用;视觉线除了能给游客带来视觉冲击的显性线,还包括藏在心底、意念中的隐性线,具有动态性,并具备一定的视觉角度;游览线指的是在规划设计下的景观节点串联线,具有回环性和视觉性。

（3）面。"面"即景观肌理,在乡村旅游景观空间形态中具体表现民居建筑群、景观渗透面、树阵配植、大地景观面（软硬质界面）等。"面"由"点"组成,"面"反映了乡村地区的肌理,是自然选择与人文积淀共同作用的结果。大规模"点"元素的聚集及合理组合,形成了有别于周边环境的景观肌理。

（4）制。"制"指保障体制,具体表现在旅游景观的保障机制、操作机制和管理机制等方面。乡村旅游运营的成败和景观优势的发挥与"制"密不可分,"制"是其正常发展的保障。在乡村旅游景观的实践研究中,景观的实施主体,即景观策划运营公司、政府和企业三方,由于"制"的不完善,常常出现政府和企业频繁提出修改意见,甚至直接干涉景观策划公司提出的各项景观设计内容，导致面子工程和无实用价值的工程上马，造成资源浪费。因此，"制"的提出和完善迫在眉睫。

（5）魂。"魂"，具体指乡村文化的内涵、文化意境的营造以及外来文化的引入等。乡村旅游景观的"魂"是乡村地区文化的核心所在，是其发展与传承的内在动力和精神灵魂。实地考察发现，在开发与引导上，有些乡村地区不注重本地文化的发掘，盲目引进外来文化，导致本地文脉割裂，形成"中不中、洋不洋"的局面。在政府决策方面，政府的喜好决定了当地文化的开发价值，政府的导向决定了当地文化的保护程度，政府的眼界决定了当地文脉的传承。在规划设计工作中，如果规划者缺乏充分的实地考察，将导致乡村旅游景观文化定位的失误，盲目地嫁接和复制外来文化，从而造成本土文化的流失等问题。

（二）乡村旅游景观的功能布局

1. 乡村旅游景观功能布局的立意

（1）需求立意。旅游景观的规划设计立意应当源于服务对象的需求。旅游景观的服务对象是前来旅游的游客，因此，明确游客的需求，即市场需求，对于旅游景观的立意至关重要。旅游景观的立意直接影响旅游地的景观形态。

甲方与游客的景观需求往往存在差异。如何妥善处理各方的景观需求，即景观设计与观赏的要求，是景观规划设计的一大难题。找到景观设计需求的立意与旅游发展立意的契合点，是旅游景观规划设计的首要问题。

在进行旅游景观规划设计时，常常会面临如何取舍和搭配当地文化要素与新兴文化要素的问题。是选择以当地旅游文化景观要素为设计主线，辅以新兴文化要素，还是以新兴文化，如现代科技和网络流行文化等为设计主线，这需要景观设计师在实践中进行合理规划。在旅游景观规划设计中，通常会尊重当地文化，在不破坏当地文化的前提下，充分挖掘其优秀部分，并以现代文化的方式加以表现。两者的结合往往是景观设计师采用的主要策略之一。

（2）目标立意。旅游景观规划设计中的目标立意是指根据旅游市场的需求，满足游客对旅游地景观的享受，制定适合规划设计范围的旅游景观规划设计的总体目标。在科学设定的目标下，将旅游地的景观进行合理的规划与设计。目标立意从不同角度主要分为三个方面：总体建设目标立意、总体目标下的景观设计立意以及游客与景观生态利用和保护立意。

2．乡村旅游景观功能布局的方法

乡村旅游景观功能布局的方法有很多，笔者根据实践经验总结出两种：整体目标法与元素分布法。

自上而下的整体目标法，是指从总体目标和总体形象出发，自上而下地控制功能布局，引导功能方向。与之相对，自下而上的元素分布法是指从乡村旅游特色景观资源出发，收集并整理这些资源，寻找资源之间的内在异同，进而提炼每个相似资源的特性，形成各自的功能布局。

二、乡村旅游景观规划设计的方法

（一）乡村旅游景观规划设计的手法

1．点线手法

即景观中点与点、点与线之间的相互关系。设计师依据内心的形象、艺术品位以及游客的空间和景观享受需求来安排景观节点的位置。这种位置的设定与安排，注重景观节点在该处的意义与连贯性，即情节或情境的需要。因为每一个景观节点，无论是重要的还是次级的，都会影响到整个景观规划设计的整体效果。景观节点的设计需要在满足景观构图原理的同时，也满足游客对景观的需求。

应考虑乡村旅游中景观节点、景观轴线等点、线、面对旅游功能的影响，将旅游功能融入这些景观要素，使游客能够参与其中，成为景观的一部分。

2．变化手法

"迂回曲折"手法主要是指在旅游景观规划中，要注重"变化"。主要体现在的三大变化：景观规划线路和景观轴线等线性曲折的变化，景观设计中起景、发展、高潮、结景等情感起伏的变化，以及旅游景观设计素材顺应曲折造型的变化。这些多变的手法在增加景观多样性的同时，也使游客有更好的体验。

3．多尺度手法

（1）乡村旅游景观的比例尺度。从旅游景观设计的微观角度来看，不仅要在景观小品的骨架设计中尽可能地满足黄金比例，而且位置的设置也应布局在黄金分割点上。只有这样，才能使景观小品的美感更加凸显，为游客提供更好的美的享受。

（2）乡村旅游景观的动态趋势。大部分乡村旅游景观要素是静态的，但游客是动态的。乡村旅游景观设计应在静态中寻求突破，使游客能够在不断变化中动态地体验静态的乡村旅游景观。

（3）乡村旅游景观的重心。旅游景观在采用平衡和对称构图的方法时，不会产生重心问题。只有在打破平衡和对称的情况下，才需要考虑重心。

4．创意手法

乡村旅游景观的多样性是旅游发展的一大策略。只有在实践中设计出独特的景观，才能吸引市场的注意，从而吸引游客怀着猎奇的心态前来旅游。

5．多样手法

在旅游景观设计中，注重使用"有分有合、分合搭配"和"虚实结合"等多样的构景手法，既要对空间进行虚实处理，又要在空间中实现集中与分散的平衡，从而在虚实之间搭配出和谐的旅游景观。

例如，在进行乡村旅游景观规划设计时，会进行旅游功能分区；在功能分区时，会进行内部的景观分组，即"分"；景观分组之间注重联系和整体性，即"合"。在景观分组的内部，也会进一步划分更微观的景观设计。在微观设计中，虚实的运用体现在乡村民居建筑的"实"和周围植物与水体景观的"虚"等方面。

（二）乡村旅游景观规划设计的微观设计

1．物质景观

（1）地形

地形是地球表面三维空间的起伏变化。地形的规模包含三种：大尺度地形，如高山、草原以及平原等大型地形；中尺度地形，如土丘、台地、斜坡等；小尺度地形，起伏最小的地形。

（2）自然地形的利用

地形构筑基础的合理利用。关于构筑基础的改造，常用的手法有四种：第一种是对山体的保护。主要做法是保全基础环境和保存乡土景观。第二种是对山体地形的改造。主要方法包括叠山和降山两种。前者是为了强化空间高差的效果，需要在局部进行调整；后者是平整地形，以降低空间高差。第三种方法是对山体的改造。主要手法是斜面式，即将山体顶部削平后填入山体的中下部，使整个山体不那么陡峭。第四种是对山体的破坏。在景观营造中，对自然空间的破坏有时是无法避免的。

地形坡度的合理利用。地形坡度可分为安定区、紧张区和危险区。安定区的地形按倾斜度可分为平坡（0°～2°）、缓坡（2°～10°）和斜坡（10°～14°）。其中，平坡给人一种平坦安定的感觉，适合用于散步、休息等活动；缓坡虽有一定斜度，但不会产生明显的倾斜感，适合于静态或动态的活动；斜坡因其坡度较大，适合于游戏等活动。紧张区根据倾斜度分为陡坡（14°～20°）和山坡（20°～24°）。陡坡由于斜面方向性对物体方向的影响较大，除了可以用作眺望之地，还适合用于一些休闲娱乐活动，但其利用率相对较低；山坡受重力影响明显，攀登时会带来紧张感。危险区是指斜度在24°以上的坡度，因斜面本身不够稳定，对人具有潜在危险，主要用于登山。

（3）植物的配置。

树群是指大量的乔木或灌木混合栽植在一起的混合林。由于树群是由多种植物混合种植而形成，因此对整体的形态美有较高要求，但对每一株的要求则相对宽松。然而，每一株树木也是整体的一部分，从部分与整体的关系来看，每一株树木对整体外貌仍然有一定的影响。在树群种植过程中，需要注意主次分明。景观设计师应在植物配置的构思中明确主要表达的思想，突出重点，而其他则处于从属地位。在树种的选择上不宜过多，选择1～2种即可。根据树种的数量，树群可分为单一树群与混交树群。单一树群由单一树种组成，观赏效果相对稳定。混交树群在外观上应注意季节变化，树群内部的树木组合必须符合生态要求。从观赏角度来看，高大的常绿乔木应居于背景中央，花色艳丽的小乔木位于外缘，大灌木与小乔木同样位于外缘，应避免相互遮掩。从布置方式来看，树群的栽植可分为规则式和自然式。规则式是指树群按直线网格或曲线网格等距离栽植，自然式栽植则较为随意。在用树群分割空间时，空间的大小一般以树群高度的3～10倍为宜，3倍以下的空间狭小闭塞，而10倍以上则过于空旷。

树丛是利用数量较少的乔木和灌木成丛栽植，既体现群体的美感，又展现每株树木的个体美。形式上一般采用自然式，是景观绿地系统中的重要点缀，与树群相比，更多地作为主景处理。配置时，树丛可由一种或几种乔木或灌木组成，主要处理方式与树群相同。

对植是指将乔木、灌木以相互呼应的形式栽植在构图轴线两侧的种植方式。常用的树种为耐修剪的常绿树种，如柏树等。种植形式包括对称种植和非对称种植两种。对称种植，顾名思义，是指左右对称的种植方式。例如，在正方形中，在四个顶点上进行种植，无论以哪条边的中轴线为基准，左右种植都是对称的。对于树木的选择，大小、体形和树种都要一致，并且与对称轴线的垂直距离相等。非对称种植是相对于对称种植而言的。非对称种植不要求树木在大小、姿态和外貌上完全相同，也不注重距离的远近，但有美感的要求，即左右均衡、彼此呼应和动势集中的三个基本要求。图 6-1 是 3～6 株植物最优的配置方式。

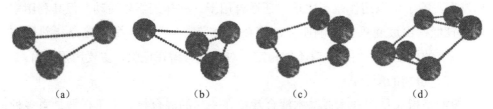

$$(a) \qquad\qquad (b) \qquad\qquad (c) \qquad\qquad (d)$$

图 6-1　植物的最优配置方式

注：(a)-3 株植物配置方式；(b)-4 株植物配置方式；(c)-5 株植物配置方式；(d)-6 株植物配置方式。

　　单植是相对于树群的一种表现植物个体美的形式。其体态要么特别巨大，要么独具特色。这种特色主要体现在树冠的轮廓、树姿、开花的繁茂程度以及季节变化的丰富性上。在自然式园路或河岸溪流的转弯处，通常会布置姿态、线条、色彩特别突出的单植树。这种树可以起到限定空间的作用，以吸引游客继续前进，因此也被称为诱导树。

　　水体绿化。利用水生植物可以美化水面，增加水面景观，有些水生植物还可以起到护岸的作用，有些可以净化水质。在进行水面绿化时，应控制好种植的范围，避免铺满整个水池，导致视觉效果单一。水面绿化需要根据水深、水流和水位的状况选择适合的植物。

　　（4）建筑物。无论是单体还是群体的建筑物，都能够构成景观空间，影响游客的视线，改变建筑物周围的小气候，并影响建筑物与周围景观的协调。因此，建筑物也是景观设计的重要组成部分。

　　建筑物不同于其他景观设计要素，因为每个建筑物及其邻近的基地都有特定的功能，建筑物及其周边环境是人们日常生活的主要场所。虽然设计建筑物及其内部空间是建筑师与室内设计师的主要职责，但对于景观设计师而言，如何协助正确地安置建筑物以及恰当地设计其周围环境也是他们的重要职责。建筑物所限定的景观空间主要有四种模式，即中心开敞空间模式、定向开放空间模式、直线型空间模式和组合型空间模式。

　　（5）景观构筑物。乡村旅游景观中的构筑物，字面上理解，就是服务于乡村旅游主体景观的附属物。它们为了主体景观而存在，具有特殊的功能，并在外部环境中具有稳定性和持久性等特点。这些构筑物包括公共休息设施、公共基础设施等，例如栅栏、坡道、公用厕所、遮阳棚等。

（6）水体。水是乡村旅游景观设计中的重要元素。水具有极强的变化性，能够根据不同的地势地貌展现出极具魅力的景观，如流水、喷泉等。水不仅具有实用功能，还能作为景观元素与其他元素搭配，或者单独成景。在乡村旅游景观的水体设计中，水通常与其他景观要素组合设计。

水岸可以分为自然型和人工型。选择自然或人工水岸取决于水岸坡度与土壤安息角的关系。当安息角大于标准时，需要采用人工型水岸；小于标准时，可以选择自然型或人工型水岸。按照驳岸的形式，可以将水岸分为规则式驳岸和自然式驳岸两种类型。规则式驳岸主要由混凝土等材料砌筑而成；自然式驳岸则具有自然的曲折、高低起伏等变化，常采用假山、水岸植物等多种表现形式。水岸的景观处理方式多种多样，包括自然草坡、散置山石、假山驳岸、石砌斜坡、阶梯式驳岸、混凝土斜坡、垂直驳岸和混凝土驳岸等。

堤与桥。水廊、桥、岛、半岛、汀步、树和堤等既可以作为分割空间的手法，也可以作为景观走廊。在乡村旅游景观设计中，堤作为一种线性景观，不仅可以在水平方向上给予景观视觉上的延伸感，还可以在垂直方向上增加韵律感。亲水性对于体验性旅游景观也很重要，因此堤身不宜过高，同时要注意堤身坡度的合理性。

堤与桥在空间分割上有相似的作用。然而，相较于堤，桥更具亲水性和可塑性。桥有多种类型，如曲桥、长廊等。桥的类型决定了它所呈现的水面景观。例如，曲桥的曲折布局常常能形成对景的效果；而长廊的运用，则为游客提供了高低起伏的水面变化体验。

2．非物质景观

非物质景观，也称为软性景观，主要指的是地域文化景观。一个地方的地域文化是该地一切存在并不断延续的根本力量。地域文化是不断累积和发展的，是一个地方无法消失的特殊印记。乡村旅游景观设计不仅应从自然中汲取能量，更应从地域文化中汲取更深层次的设计"根"与"灵魂"。

景观在自然和人文上的异质性，表现在景观结构空间分布的非均匀性上，从而形成了景观内部的物质流、能量流、信息流和价值流。这些流动最终促进了不同地域景观的演变。正因为存在这种异质性，不同旅游景观的设计需要根据旅游地的具体情况进行具体分析。

（1）收集素材——挖掘旅游地文化。收集素材是非物质景观设计的第一步。只有完整而深刻地挖掘和认识当地旅游景观的文化来源，才能将这些来源整理成非物质文化景观的设计素材。这些素材是景观设计中无限遐想的艺术创作源泉。

（2）整理素材——形成旅游地景观设计元素。深入理解旅游地的历史文化后，将历史素材进行归纳和提炼，形成景观设计元素并符号化。接着，将这些符号以适当的方式运用到景观设计中。只有将感性认识提升到一定高度，并进一步整理和设计，才能向游客传达完整统一的景观设计理念。

具体来说，就是将收集到的文化素材整理成具有逻辑性的文字。这种逻辑性体现在文化主线和景观设计构想的合理性上。接着，将文字素材转化为图片，以更直观的方式呈现，实现从抽象到直观的飞跃。这些图片将成为旅游景观设计的原始素材。

（3）转换元素——创造景观设计符号。将提取的旅游地文化元素所形成的符号与实际景观设计相结合，是非物质旅游景观设计的重点，也是难点。文化元素的符号不仅应立足于本土，还应创造性地继承和发展。只有通过创造性地继承，传统文化才能拥有更加顽强的生命力。创造性意味着新生事物，而本土文化则代表着传统，这样就面临如何处理地域文化的景观创造与继承关系的问题，这也是景观设计师们一直以来关注的重点。

第三节　乡村旅游景观规划设计的优化对策

■ 一、乡村旅游景观设计的宏观优化对策

（一）全域规划引领旅游发展

将旅游元素纳入美丽乡村建设规划体系中，进一步提升旅游元素在乡村规划体系中的重要性，特别是在视觉美感、整体协调和服务理念等方面进行深入阐述。确保规划能够充分展现景观、生态和休闲的旅游功能，不断提高乡村的宜居宜游水平，增强乡村的特色。

发展全域旅游的目标是使旅游融入社会经济的整体框架，推动旅游业向多领域和综合性方向全面发展。

在乡村总体规划中，应充分融入旅游元素，并征求相关部门的意见。在各分项规划中，应增设旅游景观提升专项规划。专项规划的实施不仅能提升乡村的宜居性和旅游吸引力，还能在一定程度上增强乡村全域旅游功能的设计。

（二）一体化和多元化发展

发展全域旅游的一项重要工作是通过合适且合理的路径，利用旅游廊道将旅游目的地分散的各种资源、产品和配套设施连接起来，打造一个一体化的旅游空间。廊道中最关键的环节是将四通八达的道路交通线串联起来。只有先解决道路交通问题，才能解决游客进入难的问题。如果游客无法进入乡村，其他工作都是徒劳。

在全域旅游战略下，旅游廊道的功能应从单纯的可进入性升级为观赏性和游憩性。全域旅游要实现"处处是旅游环境"，关键在于构建贯穿和环绕全域的景观廊道与游憩廊道系统。景观廊道主要包括满足村民和外来游客休闲游憩需求的滨河景观带、与河道整治相结合的郊区或乡村河流景观带、依托文化与自然资源形成的遗产景观带、以现代种植业为基础打造的大地艺术景观带、由本土植物和建筑元素组成的道路沿线景观带，以及废弃铁路、山脊线、生态敏感保护区等景观资源。景观廊道的营造应强调对景观资源的严格保护，以生态化和本土化为原则，彰显质朴性、完整性和连续性的空间意象。游憩廊道则基于满足游客出行线路组织的基础，必须满足广大旅游者多样化的出游需求。全域旅游注重空间上的开放，在景点和景区的建设上，更是要打破边界区划，实现整体统筹规划。

发展全域旅游需要重视非物质资源与物质资源的所有权关系以及所有权的实现问题，为游客和乡村居民开放更多的经营空间和旅游空间。全域旅游的发展需要结合"景"和"境"两个方面，仅有观光休闲是不够的。市场需要具有震撼力的"景"；同时，具有浸润力和感染力的"境"更是消费者市场所追求的。

游客在旅游地参观时，不仅仅需要便利的交通，更关注的是道路两侧的迷人景色。此外，这些路边的风景物通常是有主人的，他们可能只考虑自身的利益，而忽视这些风景对乡村旅游发展的潜在影响。因此，在开发过程中，我们需要充分利用道路沿线的民居、乡村建筑和民俗风情，才能实现"景境双全"的全域旅游。

（三）合理布局，集约化生态发展

全域旅游的发展过程中，旅游活动对环境并非完全无污染。虽然相比传统旅游活动，其对生态环境的污染程度有所减少，但仍无法实现零污染。我国多数乡村依托原有生态景观资源发展旅游业，主要侧重于生态旅游和文化旅游。因此，应加强对生态环境的管理和控制。在推进旅游业和地方经济发展的过程中，我国地方政府不仅要关注旅游带来的经济收益，还需具备长远眼光，兼顾旅游业的可持续发展，避免捡了芝麻丢了西瓜。此外，旅游业的发展需要在技术和战略两方面加以重视。在开发过程中，应将对环境的破坏程度降至最低，实现合理开发，因地制宜，严格控制工程建设对生态环境的破坏。必要的旅游服务设施建设也应尽量与周围环境和谐，避免破坏景观环境。同时，地方政府和旅游管理部门应重视引导当地居民提高保护生态环境的意识，并加强宣传力度，逐渐形成当地居民自觉保护环境并积极监督游客共同保护生态资源的良好氛围。

（四）保持乡土文化，突出特色发展

对全域旅游的发展要避免创造出一批"假大空"的事物。应立足于本土文化，因地制宜，在充分认识自身资源优势的基础上，将旅游开发与自身优势紧密结合，突出本地特色，真正开发出具有地方特色和传统民俗特色的有价值的旅游产品，而不是为了追求经济利益凭空创造出一些本地并不存在的、模仿或抄袭来的旅游产品。此外，地方政府还需防止小商贩的粗暴复制、低劣伪造，防止短期投机行为，避免盲目涨价。应对各类小商贩进行思想教育，并严厉打击违规行为，抵制和制止任何销售者不择手段、强买强卖等恶劣行为。

当地政府在开发乡村旅游的过程中，需要组织旅游专业人员进行详细而周到的规划，以实现乡村旅游资源的有机整合。通过深入挖掘本地文化，改变我国旅游地产品质量低下、内容雷同的现状。当地政府在开发乡村旅游时，应实行差异化发展，保持自身的乡土特色，避免城市化倾向，因为游客大多来自城市，他们想看到与大城市不同的事物。在乡村旅游开发过程中，当地农民起到了举足轻重的作用。若要使当地乡村旅游做大做强，必须加强农民的参与度，避免他们对旅游活动产生抵触情绪。应引导农民参与旅游建设，激发他们的热情和积极性，使广大农民享受到旅游发展带来的成果。

（五）以旅游为导向，全面发展

美国人本主义心理学派的代表人物马斯洛提出了著名的需求层次理论，指出人的需求由五个层次构成，最基本的是生存需求，而最高层次是自我实现需

求。这一理论对乡村旅游开发具有一定的借鉴意义。目前，我国旅游的开发模式更多地将重点放在各种景观综合体以及自然和人文景观的打造上，整体上较偏向于满足游客的基本需求，侧重于放松休闲、娱乐身心，仅仅实现了游客生理需求的满足。全域旅游的开发模式主要是为了满足游客的高层次需求，旨在实现游客的个性化需求，并创造一种能够深刻改变旅游者人生的深层次活动。全域旅游突破了传统的观光、休闲和度假的概念。

要实现"处处是景、时时见景"的乡村旅游风貌，我们在发展全域旅游时，需要深入规划全域旅游的建设，将旅游地视作一个大景区进行改造和建设。要秉持全社会参与、全民互动、全体资源整合的理念，推动旅游村落、风景园林、家庭小院等景观的建设。

（六）塑造乡村品牌，打响文化发展攻坚战

我国有些乡村地区的旅游知名度较高，但有些地区仍显不足，文化品牌吸引力较弱，尚未形成品牌优势。在旅游业高速发展的今天，我国的民俗文化旅游和生态景观旅游均展现出蓬勃发展的态势。然而，从旅游发展的整体来看，随着我国全域旅游的兴起，乡村旅游景观亟须树立自身的品牌。

一个地区旅游开发建设的水平和程度主要通过其品牌建设程度及影响力大小来体现。旅游地品牌的打造与建设，是提升自身形象、在日益激烈的旅游市场中保持和巩固地位，以及拓宽旅游市场的最有力武器。

从国际视角来看，乡村旅游的产生和发展可以得出这样的结论：乡村旅游活动本质上是一种接受环境教育和学习体验的方式。乡村旅游得以发展的前提和核心在于其拥有不同于城市的独特乡村特性，而这种特性又深植于乡村文化之中。为了实现乡村旅游的健康和可持续发展，乡村文化起着至关重要的作用。因此，若要提高当地乡村的旅游吸引力、升级旅游产品，必须强化乡村旅游中的文化元素，强化乡村旅游的品牌。

■ 二、乡村旅游景观设计的微观优化对策

（一）乡村整体景观的营造与优化

乡村旅游景观的打造需要将景观视作一个完整、全面的生态环境系统来对待，努力维护当地生态系统的稳定性，遵循自然生态规律，注重生态系统的多样性，以系统理性的观念进行思考，强调环境整体的优化原则。在旅游开发过

程中，应制订合理的生态容量计划，遵循适度开发的原则，走健康可持续的乡村景观发展道路。

（二）改善景观结构与功能

在对生态环境空间进行规划时，要充分考虑生态相似性。具体而言，可以采用多种方式进行调节和改善，比如常见的退耕还林、植树造林等。需要注意的是，要利用乡村的田林来保证斑块的面积，并控制斑块的大小与形状，可恰当地在斑块中使用防护林、绿篱等。在对景观进行规划设计的过程中要保证生物的多样性特征，打造高品质的乡村生态系统。

（三）优化景观要素布局

要实现对乡村景观要素的优化布局，必须坚持保护生态环境的原则，力求做到只增不减。主要的方法是提高乡村地区的绿色植被覆盖率，增加灌木、乔木及花卉的种植面积。

深入挖掘可利用的乡村景观要素，如乡村农舍、篱笆、荷塘、沟渠、水牛、风车等，传承和保留农村地区的传统劳作方式，保护人们在与自然大环境接触下形成的独特乡村风光，打造与城市地区截然不同的生活环境。

（四）推进乡村经济与资源环境协调发展

开展乡村旅游的前提是拥有优越的生态环境。如果当地的生态环境得不到有效保护，乡村发展出现停滞，就会影响乡村旅游的良性发展。即使大力开展乡村旅游，但如果当地的生态环境没有得到合理恰当的保护，时间一长，也会阻碍旅游发展的步伐。因此，开展乡村旅游的关键是妥善处理旅游发展与环境保护之间的关系。

政府部门若要实现对乡村旅游的适度开发，应制定保护乡村环境的政策文件、法律法规以及乡村旅游发展规划，并按照规划发展乡村旅游。要鼓励当地村民自觉参与环境保护工作，确保当地旅游进入正确且可持续发展的轨道。

参 考 文 献

[1] 谭鑫, 杨怡, 余雨薇. 乡村生态振兴释讲 [M]. 昆明: 云南科技出版社, 2023.

[2] 刘国元. 乡村振兴视角下乡村建筑设计研究 [M]. 北京: 北京工业大学出版社, 2023.

[3] 吴银玲. 重焕生机: 以乡村景观的融合创新推动乡村振兴 [M]. 长春: 吉林科学技术出版社, 2023.

[4] 田逢军, 汪忠列. 乡村景观与乡村旅游 [M]. 武汉: 华中科技大学出版社, 2023.

[5] 侯可雷. 乡村景观设计趋势研究 [M]. 北京: 中国纺织出版社, 2023.

[6] 杨国杰. 乡村振兴背景下乡村景观规划设计与创新研究 [M]. 北京: 中国纺织出版社, 2023.

[7] 袁园. 乡村振兴背景下的乡村景观设计研究与实践 [M]. 北京: 中国纺织出版社, 2023.

[8] 刘祥. 乡村振兴实施路径与实践 [M]. 北京: 中国经济出版社, 2022.

[9] 张宁. 乡村环境规划与景观设计研究 [M]. 北京: 经济管理出版社, 2023.

[10] 曾伟. 观光休闲农业助推乡村振兴 [M]. 武汉: 武汉大学出版社, 2022.

[11] 张琦. 中国乡村振兴政策与实践热点评论 [M]. 北京: 经济日报出版社, 2022.

[12] 王光利. 乡土文化元素与乡村景观营造研究 [M]. 北京: 九州出版社, 2022.

[13] 向云平. 乡村景观设计研究 [M]. 北京: 科学出版社, 2022.

[14] 刘斐. 强国之路: 乡村旅游发展规划与创新研究 [M]. 北京: 中国原

子能出版社，2022.

[15] 周莲珊. 美丽乡村［M］. 沈阳：辽宁少年儿童出版社，2022.

[16] 卜希霆. 中国美丽乡村案例研究［M］. 北京：中国国际广播出版社，2023.

[17] 龙岳林，何丽波. 乡村产业景观规划［M］. 长沙：湖南科学技术出版社，2021.

[18] 李莉. 乡村景观规划与生态设计研究［M］. 北京：中国农业出版社，2021.

[19] 任永刚，齐昀，李珍瑶. 兴农视野下的乡村景观设计规划策略研究［M］. 北京：中国商业出版社，2021.

[20] 安永刚. 乡村振兴背景下的文化景观和生态智慧［M］. 北京：中国农业出版社，2021.

[21] 芦旭. 豫西黄土丘陵沟壑区新型乡村聚落景观规划设计方法研究［M］. 北京：中国建筑工业出版社，2021.

[22] 党伟，李凯歌，郭盼盼. 美丽乡村建设视角下的乡村景观设计探究［M］. 昆明：云南美术出版社，2020.

[23] 庄志勇. 乡村生态景观营造研究［M］. 长春：吉林人民出版社，2020.

[24] 吕勤智，黄焱. 乡村景观设计［M］. 北京：中国建筑工业出版社，2020.

[25] 吴鹏. 乡村景观改造设计研究［M］. 西安：西安出版社，2020.

[26] 刘珊珊. 乡村景观规划设计研究［M］. 北京：原子能出版社，2020.

[27] 陈网. 美丽乡村景观设计研究［M］. 延吉：延边大学出版社，2020.

[28] 徐斌. 乡村景观实践之村落景区［M］. 北京：中国建筑工业出版社，2020.

[29] 路培. 乡村景观规划设计的理论与方法研究［M］. 长春：吉林出版集团有限责任公司，2020.

[30] 张宏图. 乡村环境规划与景观设计［M］. 北京：原子能出版社，2020.